수학 그리고 유머

수학 그리고 유머

존 앨런 파울로스 지음 | 박영훈 옮김

경문사

수학 그리고 유머

지은이   존 앨런 파울로스
옮긴이   박영훈

펴낸이   박문규
펴낸곳   경문사

출판등록   1979년 11월 9일 제9-9호
주소   (121-818) 서울 마포구 동교동 184-17
전화   (02) 332-2004
팩스   (02) 336-5193
이메일   kms2004@kyungmon.com
홈페이지   www.kyungmoon.com

초판 1쇄 인쇄   2003년 10월 4일
초판 1쇄 발행   2003년 10월 10일

ISBN 89-7282-575-1 03410
◆ 책값은 뒤표지에 있습니다.

옮긴이의 말

수학과 유머? 수학에서 유머를 찾을 수 있을까? 아니면 유머에도 수학이 들어 있을까? 수학과 유머라는 두 단어가 함께 어울릴 수 있다고 생각하는 사람은 거의 없을 것이다.

유머를 감상하려면 통찰력이 필요하다. 통찰력은 전체로써 상황을 파악하기 위하여 모든 상황을 적절한 맥락 속에서 들여다보려는 시도를 통해 얻어진다. 그래서 독단론자, 관념론자, 편협한 마음의 소유자들이 유머가 없는 것으로 악명이 높다. 한 가지 체계 혹은 일단의 규칙에 의해서만 그 삶이 지배를 받는 사람들은 말하는 방식에 자신들이 속한 체계의 대상 수준에 고착된다. 자신이 속한 당의 방침만을 위압적으로 뱉어내는 정치적 급진주의자들이거나 어떤 사소한 일련의 규칙만을 강요하는 관료주의자들은 자신들이 속한 체제 밖으로 나올 능력이 결핍되어 있다. 농담을 이해하는 일은 분명히 인간의 행위이므로 이를 위해서는 여러 다른 분야들의 상대적 중요성을 인정하고 서로의 관계를 함축적으로 이해하는 것이 필요하다. (50쪽)

그렇다면 수학자들은 왜 유머가 없는 사람으로 비춰질까? 분명한 것은 수학도 역사나 과학과 같이 세상을 바라보는 눈이라는 사실이다. 그러나 불행하게도 기능만을 강조하는 닫힌 수학 교육의 결과, 우리의 수학은 오히려 세상을 바라보는 눈 뜬 장님 행세만 하게 만들었으니 수학을 유머와 연결지을 수 있는 능력을 앗아가버렸다.

"철학자는 정상적인 인간 이해라는 개념에 도달하기 전에 이해라는 수많은 질병을 스스로 치료해야만 하는 사람이다. 우리가 살아가는 동안에 죽음에 놓여 있다면, 제정신을 가지고 있다 하더라도 결국 광기에 둘러쌓여 있는 것이다"라고 비트겐슈타인은 말했다. (113쪽)

아하! 수학자도 아직 스스로 이해라는 질병을 치료하는 중이구나. 광기에 둘러쌓여 있으니 세상의 유머를 이해할 수가 없구나. 하긴 칸트와 (음울한 염세주의자인) 쇼펜하우어와 같은 이름을 유머나 웃음에 연결하는 것 자체가 유머이니, 수학을 유머와 연결하는 것 또한 얼마나 유머스러운 일인가.

그럼에도 불구하고 존 앨런 파울로스는 전유성, 박중훈, 김희갑, 구봉서 등을 수학의 눈으로 바라보듯이 찰리 채플린, 우디 앨런, 그루초 막스 등을 수학적으로 분해하는 묘기를 보여주었다. 그가 러셀, 비트겐슈타인, 키에르케고르, 토마스 홉, 몰리에르, 아리스토파네스, 베르그송까지 종횡무진할 때, 숨가쁘게 파울로스를 좇아야 하는 역자의 모습은 가히 코미디의 한 장면이리란 추측은 누구나 할 수 있을 것이다.

고생 끝에 낙이 오는 법. 우디 앨런의 심오한 유머에서부터 단순한 농담 몇 마디와 스포츠 신문이나 인터넷에 떠돌아다니는 싸구려 유머까지를 카타스트로프 이론이라는 수학적 도구를 이용해 한꺼번에 명쾌한 분석을 내리는 파울로스의 수학적 안목. 이를 함께 공유할 수 있었던 영광은 나에게 있어 지금까지의 모든 고생을 기쁨으로 바꾸어주는 또 하나의 카타스트로프였다. 바라건대, 이 작업에 도움을 주었던, 후배 홍지희 선생과 제자 김경옥 선생, 그리고 편집자도 이 카타스트로프를 공유할 수 있기를. 그리고 요즈음 한창 유행인 소위 개그라는 새로운 코미디의 장르에 종사하는 사람들도 자신들의 작업에 수학이 얼마나 함께 하는지 알 수 있는 계기가 되기를 바란다.

박영훈

CONTENTS

01 « 수학과 유머

"유머가 곁들인 예를 들면서 수업을 시작하라"고 탈무드는 말한다. 특히 이 말은 이 책에 매우 적절한 표현인데, 그 이유는 유머를 다룬답시고 늘어놓는 글들이 지루하고 장황하기 일쑤고, 이 글도 색다른 종류의 글임엔 분명하지만 결코 예외라 할 수 없기 때문이다. 내 친구가—공교롭게도 그는 수학자다—최근에 속독 강좌를 수료하고 나서 이 사실을 어머니에게 편지로 적어보낸 적이 있었다. 그리고 어머니로부터 답장이 왔는데 길게 써내려간 편지 중간쯤에 다음과 같은 글이 적혀 있었다.

"속독 과정을 수료했다니, 지금쯤 이 편지를 벌써 다 읽었겠구나."

수학과 유머의 관계에 대한 논의를 장황하게 늘어놓는 것보다 친구 어머니에 대한 이 이야기가 더 와닿을 수 있지만 그래도 나는 수학과 유머에 대한 설명을 늘어놓기 위해 이 한 권의 책을 다 소진하려 한다.

그래서 설명을 시작하는 한 가지 좋은 방법으로 철학자, 심리학자, 작가, 비평가들이 유머를 이해하려고 시도하면서 털어놓은 몇 가지 말을 간단하게나마 모아봤다.

고전 작가들은 유머와 웃음을 천박하고 품격이 낮은 것으로 간주했다. 아리스토텔레스는 《시학Poetics》에서 많은 부분 비극에 할애하면서도 희극에 관해서는 상대적으로 거의 언급하지 않았다(적어도 현재까지 남아있는 것 중에 희극은 없다.) "우리가 언급했듯이, 희극은 열등한 사람들의 몫으로, '나쁜'이라는 단어의 뜻 그대로라고 꼭 집어 말할 수는 없지만, 어쨌든 웃긴다는 것은 천박하고 추한 것이다. 그것이 고통이나 불행을 야기하지는 않더라도 어처구니없는 실수나 꼴사나운 상황에 처하도록 하는데, 그렇게 괴롭지는 않지만 추하게 왜곡되어 있는 희극적인 가면극이 대표적인 예이다."라고 그는 기록하고 있다. 플라톤Plato은 웃음 속에 (종종 질투의 형태로) 고통과 쾌락이 혼합되어 있다고 《필레버스Philebus》에서 기록하고 있다. 이와 비슷하게 키케로Cicero도 "우스꽝스러움은…… 일정한 천박함과 기형적 모습 속에 존재한다"고 말했다.

물론 고대인들이 생각하는 유머에 대한 개념이 우리의 개념보다는 제한된 것으로, 대부분이 소위 소극farce, 희작burlesque, 광대놀이slapstick에 국한되어 있고 고전적 평가 대상이 될지도 모르는 '좀더 고상한' 형식은 배제하고 있었다. 그 예로 아리스토파네스Aristophanes를 비롯한 다른 그리스 희극작가들의 희극 대본에는 광대들이 저속한 몸짓을 하면서 무대 위를 이리저리 어슬렁거리는 것으로 처리되어 있다.

　17세기까지 (범위를 넓혀 셰익스피어 Shakespeare, 라벨리Rabelais, 초서 Chaucer 등을 포함한) 작가들은 천오백 년 동안 유머가 풍부하게 양산되었음에도 불구하고 그저 고전적 형식들을 되풀이하는데 그쳤다. 영국의 철학자 홉스Thomas Hobbes는 그의 저서 《리바이어던Leviathan》(1651)에서 '우월 이론 혹은 비방 이론superiority or disparagement theory' 이라 불리는 웃음에 관한 이론을 소개하였다. 그런데 이 이론은 약간의 제한된 형식이나 전혀 다른 형식으로 변형되어 많은 후속 이론가들이 이를 채택할 정도의 영향력을 가지게 되었다.

　"갑자기 느끼는 기쁨은 소위 웃음이라 부르는 일그러진 표정을 낳게 하는 열정이다. 이는 어떤 행위를 통해 갑자기 즐거워지거나 또는 외부에 존재하는 괴상한 형태를 이해할 때, 또는 다른 사람의 즐거움과 비교하면서 일어난다"고 썼다. 이러한 자족적 우월감과 자기도취가 다양한 종류의 유머에 들어 있는 요소이기는 하지만, 내 생각에 그것은 단지 병적인 농담, 예를 들어 인종적 농담 등과 같은 농담에서만 커다란 역할을 할 뿐이다. 그런데 '세련된' 유형의 농담과 유머가 거기에서부터 혹은 그것을 넘어서 진전되기 때문에 이는 유머의 가장 원시적 토대이기도 하다. 그 존재를 부인하는 사람은 누구든지 병적이며 따라서 혹독한 비난을 받아 마땅하다.

유머에 대한 이와 같은 간략한 개관을 이어받은 다음 주자는 18세기 스코틀랜드의 시인이며 철학자인 베아티James Beattie로, 그는 주로 유머와 웃음에 대하여 연구했다(1776). 그는 "웃음은 둘 이상의 일관성 없고 부적절하며 서로 모순되는 상황 또는 그 일부를 우리의 독특한 인지방식에 의해 이것들이 서로 복잡하게 얽혀 있거나 일종의 상호 관계가 있음을 인식할 때 발생한다."고 썼다. 소위 유머의 부조화 이론을 명쾌하게 발표한 최초의 사람이라는 사실 이외에도, (존 로크John Locke는 조금 더 일찍이 이와 유사한 생각을 했지만 덜 명확하게 기술하였다.) 베아티는 웃음과 가벼운 두려움이 신경질적인 낄낄거림에서와 같이 종종 서로 연결되어 있음을 주시한 최초의 사람이기도 했다.

부조화(기괴함, 부적절함)가 유머의 밑바탕에 있다는 생각은 18세기 후반과 19세기 초에 비평가 하즐릿Hazlitt, 철학자 쇼펜하우어Schopenhauer와 칸트Kant에 의하여 발전되었다. 하즐릿(1819)은, "웃기는 것의 본질은 상호 부조화, 한 가지 생각이 다른 생각으로부터 차단됨, 한 감정과 다른 감정과의 부딪침이다."라고 썼다. 칸트는 뜻밖의 일, 상호 부조화의 의외성을 강조했다. 그는 유명한 진술에서(1790) "웃음은 긴장되었던 기대가 갑자기 아무것도 아닌 것으로 변형되는 데서 일어나는 꾸밈이다."라고 말했다. 마지막으로 쇼펜하우어는, 유머가 "종종 다음과 같이 발생한다. 둘 혹은 그 이상의 실제 대상을 하나의 개념을 통하여 생각하다가 그 개념이 오직 하나의 관점에서만 그 사물에 적용되었다는 사실이 전체 눈에 들어오면서 서로 다른 차이점들이 확실하게 드러나는 것이다."라고 썼다 (1818). "기묘한"과 "우스운"이라는 단어들이 여러 맥락에서 서로 바꿔 사용되기 시작하였다는 사실이 유머는 당연히 부조화를 뜻하고 있음을 말해준다. 칸트와 (음울한 염세주의자인) 쇼펜하우어와 같은 이름을 유머나 웃음과 같은 관념에 연결할 때 발생하는 부조화, 그 자체만으로도 독자들은 약간의 재미를 발견하게 될 것이다.

19세기에 스펜서Herbert Spencer는 유머에 관한 이론에 새로운 아이디어를 덧붙였다. 그는 종종 (항상 그런 것은 아니고) 즐거워서 웃는 웃음은 얼굴 근육과 호흡 체계를 통해 여분의 에너지가 흘러넘쳐 나오기 때문에 발생하는 것으로 추론했다. 그것은 웃고 있는 사람의 진지한 기대가 충족되지 않고 시시한 어떤 것에 그의 주의가 전환될 때,―혹은 스펜서의 말을 인용하자면, "의식이 부지중에 중요한 것에서 사소한 것으로 옮겨질 때" 일어난다. 남아 돌아가는 잉여분의 정신 "에너지"가 어디 갈 데가 없으면 웃음으로 나오는 것이다. 다윈Darwin 또한 웃음의 심리적 기반에 관한 견해를 피력하였는데, 불필요하게 생성된 에너지가 웃음으로 배출된다는 그의 생각이 후세의 여러 이론가들, 특히 프로이트Freud에게 영향을 주었다.

19세기 후반과 20세기 초에 많은 이론가들이 유머에 대한 부조화 이론과 비방 이론을 제시하였다.('재발견되었다'는 표현이 더 맞을 것 같다.) 19세기 문학 비평가인 메레디스George Meredith는 유머의 다른 측면을 강조했는데 그의 저서 《희극에 관한 에세이》(1918)에서 "희극적 정신Comic Spirit"은 일종의 사회적 중화제로 사람들이 지나치게 극단적이고, 가식적이고, 우쭐대고, 허풍떨고, 위선적이고, 현학적으로 될 때마다, 즉 사람들이 자기를 기만하고, 눈가림하고, 맹목적 신앙으로 극단적 행동을 하고…… 또 근시안적으로 계획하고, 제 정신을 잃고 일을 꾸미는 모습들을 볼 때마다 바로 작용한다."라고 썼다. 그 이후로 다른 많은 작가들이 유머의 이러한 조절적 측면을 지적했다. 메레디스는 또한 유머, 사회의 건강함, 남녀간의 사회적 평등이 모두 서로 밀접하게 연관되어 있다고 썼다. 사실 이 마지막 생각은 거의 그의 "희극적 정신"의 개념에서 나온 것인데, 그 이유가 "가식적이고 허풍을 잘 떠는" 사람들은 상대적으로 남녀 차별이 없는 사회에서 더 쉽게 위축되리라는 생각 때문이다. (많은 연구에서, 상식적으로 추측할 수 있듯이 이성異性을 향한 사람들의 태도는 자신들이 재미있게 여기는 농담들의 유형에 따라 쉽게 결정될 수 있다는 것이 밝혀졌다.)

프랑스 시인 보들레르는, 웃음이란 육체적이며 동시에 정신적인 피조물이라는 자각, 또 어리석은 것과 고상한 것에 대한 감각을 동시에 지니고 있다는 우리 자신의 깨달음에서 유발된다는 견해를 설득력 있게 표현했다. 그는 자신의 책에서(1868) 웃음이란 "인간이 스스로 우월하다는 생각의 결과물이다. 그리고 웃음이란 본질적으로 인간다운 것이기 때문에 사실상 근본적으로 모순된 행위이다. 다시 말해서 그것은 무한한 고귀함의 상징이며 동시에 끝없는 비참함의 상징이기도 한데 후자는 인간이 어렴풋이 알고 있는 절대적 존재와 비교한 것이고, 전자는 짐승과 비교해서 그런 것이다. 웃음은 이 무한한 두 극단 사이의 끊임없는 충돌에서 발생한다. 희극성과 웃을 수 있는 능력은 웃는 사람 속에 자리잡고 있는 것이지 결코 그 대상에게 있는 것이 아니다."라고 썼다. 이 마지막 문장은 웃음의 복합성, 즉 웃는 인간, 그의 의도, 가치 등에 이르게 되는 출발점이다.

마지막으로 20세기에 와서 프랑스 작가 베르그송Bergson(1911)은 웃음의 원인을 "살아 있는 어떤 것 위에 기계처럼 덮여 있는 껍데기"로 돌렸다. 이 유명한 구절은 인간이 경직되고 기계적이고, 반복적이 될 때 비로소 웃을 수 있게 된다는 뜻인데 그 이유는 인간성의 본질이 유연하고 정신적이기 때문이다. 그런 취지로 주장한 베르그송의 다음 인용구는 보들레르의 것과 아주 유사하다. "도덕적 측면과 관련될 때, 우리의 주의를 사람의 신체적인 것에 환기시키는 사건이라면 다 희극적이다."(어떤 예가 있을지 상상해보라) "우리는 어떤 사람이 어떤 물건으로 연상될 것 같은 인상을 받을 때마다 항상 웃게 된다." 베르그송은 또한 "심장의 순간적 마비," 일정한 무관심이나 공감의 결여가 "순수하고 단순한 지성에 호소하는" 유머의 진가를 인정하는 데 필요하다는 견해를 내놓았다. 만화영화에서 벼랑으로부터 떨어지거나 바로 코앞에서 폭발물이 터지는 일을 겪는 동물들의 끔찍한 '고통'을 재미있는 것으로 보여준다는 사실을 생각해보라. 그의 이론은 대부분의 것과 달리 유머와 코미디에 관한 자신의 독서에 강하게 영향받은 것 같다. 특히 몰리에르Moliere가 그런 영향을 주었던 사람인데, 그의 유머는 주로 익살맞은 고착fixations, 변덕quirks, 경직 등과 같은 특성에 주로 기인한다.

그 자체가 다소 딱딱하고 한 곳에만 집착하게 되는 위험이 있지만 그럼에도 유머 이론에 공헌한 것들을 연대순으로 계속해서 목록을 작성하려 하는데, 다음에 등장하는 것도 매우 잘 알려진 이론이다. 프로이트의 위트와 유머 이론은 그의 저서 《농담과 그 무의식에 대한 관계》(1905)에서 다루어지는데, 이는 그의 정신분석이론의 핵심적인 부분이다. 프로이트의 이론은 매우 간단하고 다소 지나칠 정도로 단순하게 요약되어 있다. 그는, 농담과 경구들witticisms은 사람이 자신의 공격적 혹은 성적 감정과 근심을 위장하고 억제하는, 심지어는 장난스런 태도로 발산하게 할 수 있는 것이라고 주장하였다. '장난기'는 초자아superego의 긴장을 풀어주고 억압된 정신 에너지를 풀어주기 위하여 자신의 공격적이고 성적인 내용을 은폐해야 한다. 이런 관점에서 볼 때 다의성, 이중적 의미, 익살 등은 감독관인 초자아를 유연하게 해주는 장치일 뿐이다. 이런 식으로 방출된 억압된 에너지가 곧 웃음의 형태를 띠는 것이다. 프로이트는 또한 자신이 "무해한 위트"라고 부르는 것의 존재, 즉 어떠한 감정적 비난도 싣고 있지 않은 재담의 존재를 인정했다. 약간 조잡하기는 하지만 다음과 같은 프로이트식 재담의 한 예가 있다.

남자 : "내 몸에서 길고 단단하며, 바지에서 툭 튀어나와 모자를 걸 수 있는 곳이 무엇이죠?"
여자는 황당한 표정으로 머뭇거리며 대답을 회피한다.
남자 : "내 머리입니다."

그리 유명하지는 않지만 내 생각에는 통찰력 있는 유머 이론가이자 작가인 이스트만Max Eastman이 있다. 그는 유머와 희곡과의 연속성을 강조했으며 유머를 대할 때 재미있고 여유 있는 태도로 감상하라고 강조하는 사람이다. 그는 "장난스럽게 받아들여진 불쾌감이나 좌절감은 유머의 작은 요소이다. 위트 있는 재담은 이런 불쾌감이나 좌절감을 그 안에서 순간적 만족을 찾을 수 있는 어떠한 생각이나 감정의 태도와 연결시킴으로써 이루어진다."라고 쓰고 있다.(1936)

이스트만 또한 유머의 '탈선' 이론을 발전시켰다. 유머 있는 논평이나, 사건 등등은 서로 모순되곤 하는데, 이는 그 자체가 그렇다기보다는 그것들이 일어나는 상황 속에서 그러하다. 정상적인 상황의 흐름이 그것들에 의해 '탈선되는' 것이다. 매일매일 접하게 되는 대부분의 유머는 이렇게 주어진 상황에 민감하며 따라서 그것이 나타나는 배경이나 상황만큼이나 다양하다. 사람들이 처한 상황과 역할뿐 아니라 그들의 목적과 가치에 대한 언급이 필요하기 때문에 그러한 유머의 특성을 기술하는 것은 특수한 경우는 물론, 일반적으로도 불가능하다. 현장감이 결핍된(그래서 맥락을 벗어난—옮긴이) "통조림화된 농담"이 얼마나 진부한지를 생각해보라!

다소 유사한 맥락인데 몬로D.H. Monro는 《웃음에 관한 논쟁》(1951)에서 새롭고 신선함 속에 있는 기쁨과, 권태와 단조로움에서 탈출하려는 욕망이 유머 감각의 의미가 지니는 중요한 측면이라고 말한다. 신선함, 새로움, 재미 등이 중요한 요소로 구성된 유머는 가령 인종과 관련된 '더러운' 재담에서 나온 유머보다 반드시 더 재미있는 것은 아니지만 대체로 더 세련된 것이다. 가령 루이스 캐롤Lewis Caroll을 〈세 명의 꼭두각시Three Stooges〉(왁자지껄 온갖 무질서한 소동을 일으켜 사람을 웃기는 미국의 인기 코미디—옮긴이)와 비교해보라.

최근에 쾨스틀러Arthur Koestler는 그의 저서 《창조의 행위》(1964)에서 유머 속의 창조적 통찰력과 과학과 시 안에 담긴 창조적 통찰력이 서로 밀접한 관련이 있음을 강조했다. "창조적 과정의 논리적 유형은 세 가지 경우에 모두 똑같다. 숨겨져 있는 유사점을 발견하는 것이다. 그러나 정서적 분위기는 모두 다르다…… 희극적 직유에는 공격적인 맛이 있고, 과학자들의 유추에 의한 추론에는 감정이 빠져 있고, 즉 중립적이고, 시적 이미지는 공감을 자아내거나, 감동적이거나 혹은 적극적 종류의 정서에 의해 영감을 받는다." 쾨스틀러의 유머 이론은 유머의 심리적인 측면들을 설명해주기도 하는 부조화 이론이다. 그는 유머가 서로 상반된 두 준거의 틀인 양 극간의 결합에서 발생하며, 웃음은 갑자기 몰아치는 막강한 여세, "다른 형태의 논리나 경기의 새로운 규칙으로 갑작스레 아이디어를 전환시킬 수 없고 고착되기 쉬운 생각보다도 덜 기민하고…… 그래서 웃음 속에서 그 출구를 찾는 감정 에너지의 방출" 때문에 일어난다고 주장한다.(13쪽 스펜서의 이론 참조)

　내가 전에 언급했던 것처럼, 이는 철학자, 심리학자, 비평가들이 유머와 웃음에 관하여 써왔던 것 중 하나에 지나지 않는다. 최근에는 사회과학자들이 일부 이러한 생각들을 강화하고, 다듬고, 서로 통합시키고, 확장하려 노력하는 많은 실험을 해왔다. 철학자들 또한, 유머와 직접 관련 있는 것은 아니지만, 최근 수십 년 동안 유머를 이해하는 데 도움이 되는 인간의 행동과 언어에 관련된 개념들을 명백히 밝혔다. 이 심리학적, 철학적 작업은 매력적인 것이며, 후에 언급될 것인데, 여기에서 내가 강조하는 것은 유머의 논리학 및 수학에 관하여 지금까지 쓰여진 게 거의 없다는 사실이다. 물론 이를 통해 코미디, 소극笑劇, 풍자 등등을 구분하는 분석을 하려는 게 아니다. 또 이 이야기는 조금 뒤에 다시 하겠지만 아리스토파네스Aristophanes에서 셰익스피어를 거쳐 오늘날의 시추에이션 코미디에 이르기까지 사용되었던 다양한 희극적 장치, 배역, 신화들의 분석을 꾀하려는 것도 아니다. 내가 하려는 시도는 유머와 형식과학(논리학, 수학, 언어학)에 흔히 있는 여러 기능과 구조를 탐구하고, 이런 과학에서 나온 다양한 개념들이 다양한 종류의 농담과 그 유형들에 다양한 형식을 제공한다는 사실을 보여주는 것이다. 그 외에도 제5 장에서는 수학의 '카타스트로프Catastrophe' 이론에서 나온 개념들을 이용하여 농담의 수학적 모형(대체로 어느 정도는 유머의 수학적 모형)을 전개시켜 나갈 것이다. 때때로 전개되는 전문적 개념에 더 광범위한 맥락을 제공하기 위하여 이와 연관된 철학적, 심리학적 문제도 논의할 것이다.

유머를 여러 공식과 방정식으로 축소시키는 것이 내 목표가 아님을 강조하고 싶다. 유머는 다양한 형식적 장치를 이용하기는 하지만 궁극적으로는 이런 식으로 축소될 수 없는 의미에 따라 존재하기 때문이다.

나는 독자들이 어떤 수학적 배경을 가지고 있다고 가정하지 않을 것이고, 따라서 독자가 필요로 하는 수학의 개념들을 전개시키는 데 상당한 시간을 할애할 것이다. 사실 여기서 필요한 수학적 개념들을 지금까지의 방식들보다 좀더 재미있게 전개하는 것도 하나의 부수적인 목표이다. 어떤 의미에서는 모든 분야에서(이 경우에는 수학과 유머) 창의적 통찰력이 똑같은 논리적 유형들을 공유한다는 쾨스틀러Koestler가 정한 원리들의 세부적인 사례 연구가 이 책의 한 부분을 이룰 것이다.

진행하기 전에 유머를 대강 정의해두는 것이 도움이 될 것 같다는 생각이 든다. 그 동안 인용했던 것을 다시 읽거나, 이 주제에 관한 다른 글을 본다면, 두 가지의 주된 가닥─상호부조화와 유머의 심리학적 측면─이 그것들의 대부분을 관통하고 있음을 발견하게 된다.

　(여기에 인용하지 않았던 사람들뿐 아니라) 내가 인용해왔던 이론가들 대부분이 일단 상황을 이해하는 여러 방식 및 여러 강조점을 수긍한다면, 어떤 것을 바라보는 두 가지의 (혹은 그 이상의) 서로 모순되는 방식들이 함께 존재한다는 사실이 유머의 필수 요소라는 데 동의할 것이다. 다시 말하면, 웃기는 어떤 것에 대해서는 그것이 특이하다거나, 부적당하다거나 하여 여러 기묘한 측면들을 함께 인식하고 비교해야만 한다. 우리는 여러 작가들이 서로 대립되는 것—즉, 기대 대 놀라움, 기계적인 것 대 정신적인 것, 우수함 대 무능력, 균형 대 과장, 예의바름 대 저속함—을 강조해왔음을 보았다. 나는 이제부터 '부조화'란 단어를 위의 모든 서로 대립되는 점들을 다 포함하는 확장된 의미로 사용할 것이다.

　그러나 부조화 그 자체는 다음 세 가지 이유 때문에 유머의 충분조건이 못 된다.— 첫째, 눈에 띄지 않을 수 있다. 둘째, 요점이 없거나 합리적으로 분석되지 않을 수 있다. 셋째, '정서적 분위기'가 맞지 않을 수 있다.— 예를 들어 말에 의존하는 희곡에는 매우 미묘하여 눈에 띄지 않는 부조화가 들어 있거나 이런저런 이유로 주어진 상황의 불합리한 점을 깨닫지 못하기 때문에 유머를 빚어 내지 못한다. 두 번째 이유에 관해서 말하자면 '5월에 내리는 눈'이라는 표현은 별로 잘 어울리지 않으면서 말하고자 하는 요점(의미, 핵심)이 들어 있지 않은 비합리적인 표현이다. '사과와 드라이버'라는 표현 또한 그렇다. 어떤 결합이 서로 부조화스러운지 아닌지, 만일 부조화스럽다면 그것이 말하고자 하는 요점이 있는지 없는지를 결정하는 것은 대체로 하기 쉬운 일이지만 어떻게 해야 하는지를 기술하는 것은 매우 어렵다(아마 불가능할 것이다). 나중에 이 문제로 다시 돌아올 것이다.

　세 번째, 적당한 심리적·정서적 분위기는 유머에서 또 하나의 필수 요소이다. 이 또한 유머들 속에 특성을 기술하기가 어렵지만 인용된 유머들 속에 억압된 공격성이나 자기 만족이 존재한다는 것은 분명하다. 공격적 어조는 매우 미약할 수 있다.(때로는 전혀 없을 수도 있다.) 마찬가지로 자기 만족은 자신의 우월성이나 남들의 약한 모습 때문에 생긴 '갑작스런 기쁨'에서 나오는 것이 아니라, 가벼운 공포나 근심을 극복하거나 혹은 (수수께끼나 익살을 해결할 때처럼) 불명료한 점을 해결할 때 나온다. 장난스러우면서도 담담한 마음 상태 또한 요구되는 것 같다. 웃음은 이야기의 펀치 라인(punch line; 급소를 찔러 사람을 깜짝 놀라게 하는 어구—옮긴이) 때문에 밖으로 흩어져 나온 에너지로부터 비롯된 것이라 생각할 수도 있다.

　그러므로 두 요소—요점을 가진, 인식될 수 있는 부조화와 적당한 정서적 분위기—가 유머에 필요충분조건인 것이다. 이런 정의가 다소 엉성하다는 것은 인정하지만 내 목적을 달성하는 데에는 충분할 만큼 치밀한 정의이다.(이 책의 끝부분쯤에서 이를 다시 다룰 것이다.) 나는 알맞은 정서적 분위기*를 구성하는 것에 관하여는 너무 많이 말하지는 않겠다. 하지만 이미 언급했듯이 유머와 수학에서 흔히 보이는 기능과 구조를 탐구할 뿐 아니라 어떤 종류의 재담(요점이 있고 인식 가능한 부조화스러운 점)과 재담 의 유형에 수학, 논리학, 언어학에서 나온 개념이 어떻게 그에 상당하는 형식을 제공하는지를 보여주는 것이다.

　제2 장에서 이러한 형태, 기능, 그리고 구조들에 관해 살펴보기에 앞 서 수학과 유머 사이에 존재하는 일반적인 몇 가지 유사점에 관해 토론해 보고 싶다. 나는 많은 수학자들이 독특한 유머 감각을 가지고 있음을 알 게 되면서, 수학과 유머 사이의 관계에 흥미를 갖게 되었다. 무엇이 그런 특징을 만들었는지가 처음에는 분명치 않아서 수학적 사고와 유머 사이 의 유사성을 탐색했던 것이다.

　수학과 유머는 둘 다 지적인 놀이의 형태인데 수학은 지적인 측면에 더 치중하고 유머는 놀이 쪽에 더 중점을 둔다. 상당한 정도로 개념과 형 식의 결합체들이 단지 그것의 재미를 위하여 합쳐지기도 하고 분리되기

---

* 여러 문학 작품에는 많은 부분이 보잘 것 없긴 하지만 유머의 이러한 심리적 측면에 대한 예가 풍부하게 들어 있다.

도 한다. 이 두 활동은 그 자체를 위해서 이행된다. 총기와 재치는 이 두 가지 활동에 대한 품질 증명을 하는 것이다. 물론 나는 순수 수학―추상적 형태와 구조의 학문―에 대하여 말하고 있는 것이지 단순 기능(알고리즘적―옮긴이)들의 집합체라고 말할 수 있는 산수에 대하여 말하고 있는 것은 아니다. 그리고 유머도 '순수 유머'에 관해서 언급하고 있다. 어쩌면 홍보나 광고 등에 사용하는 사이비 유머가 산수와 대응할지도 모른다는 것이 내 생각이다.

논리, 형태, 규칙, 구조, 이 모든 것들이, 물론 각각 강조하는 점은 서로 다르지만, 수학과 유머에서 모두 필수이다. 유머에서는 논리가 뒤집히고, 형태는 왜곡되며, 규칙들은 잘못 이해되고, 구조는 혼동된다. 그러나 이러한 변형들이 마구잡이식으로 이루어지는 것이 아니라 어떤 단계에서는 반드시 의미를 가지며 이루어진다. '제대로 된' 논리와 형태, 규칙 그리고 구조를 이해하는 것은 주어진 이야기에서 서로 어울리지 않는 것을 이해하는데― 즉 '농담을 이해하는데' ―필수적이다.

그 외에도 수학과 유머는 둘 다 경제적이고 명쾌하다. 따라서 수학적 증명의 아름다움은 많은 부분 그 우아함과 간명함에 달려 있다. 조잡한 증명은 엉뚱한 사고를 이끌어내면서 장황하고 우회적이기 마련이다. 마찬가지로 농담도 어설프게 말하거나, 정도 이상으로 상세히 설명하는 경우 또는 부자연스런 유추에 의존할 때 유머를 상실한다.

귀류법이라는 논리 기법은 유머와 수학 모두 각자의 논리를 유지하기 위해 매우 중요하다. 이를 수학적 증명에서 선호하는 방식으로 간단하게 풀어보면 다음과 같다. 명제 S를 증명하려면 S의 부정(S가 아니고)을 가정하고 그 부정에서 모순을 끌어내는 것으로 충분하다. 어떤 명제가 주어졌을 때 수학자들은 일단 그 명제의 결론에 모순이 있도록 전개하는 데 일반적으로 수학에서 이 기법과 논리가 압도적으로 널리 애용되고 있다. 그리고 문자 그대로의 해석과 비유적 해석이 대체로 서로 모순되므로 주어진 명제를 문자 그대로 파악하는 습관 또한 이를 반영하고 있다. 유머도 이런 식으로 쉽게 만들 수가 있다. 일단 이상한 명제를 전제^{前提}로 하여 농담이나 이야기를 전제와 모순되는 지점까지 전개한다. 또는 합리적이지만 비유적으로 표현된 명제를 글귀 그대로 해석하여 전개하기도 한다. 예를 들면 수많은 유머스러운 이야기들이 "만일 ……이라면 어떻게 될까?"라는 요지의 단락으로 시작되는데 "……"는 이야기 안에서 모순되는 결론으로 이어지는 전제의 역할을 한다. 수학과 유머는 강조되는 부분이 각각 다르다. 유머에서는 전제가 모순으로 이어지는데 이는 원래의 전제를 논박하기 위한 것이라기보다는 대체로 모순을 얻기 위한 것이다. 종종 풍자에서도 그러하듯이 여기서도 그에 대한 동기가 존재한다.

수학적 증명의 몇 가지 초보적인 예가, 위에서 언급한 수학의 측면들을 예시하고 심화된 논의를 위한 예시들로 쓰이도록 필요하다.

유클리드 기하학에서 가장 중요한 정리 중의 하나가 피타고라스의 정리인데, 이는 직각삼각형의 빗변을 한 변으로 하는 정사각형의 넓이가 직각을 긴 두 변을 각각 한 변으로 하는 정사각형 넓이의 합과 같다는 것이다.(그림 1)

이 정리에 관한 많은 증명 중에 다음과 같은 '그림으로 된' 증명이 특히 돋보인다. 하나의 직각삼각형(아래와 같이 변*a*, 변*b*, 변*c*가 있는)과 한 변

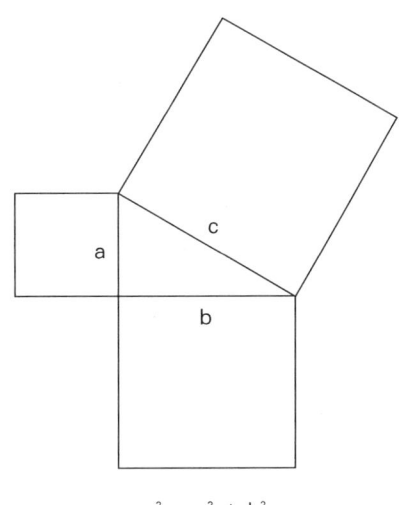

$$c^2 = a^2 + b^2$$

그림 1

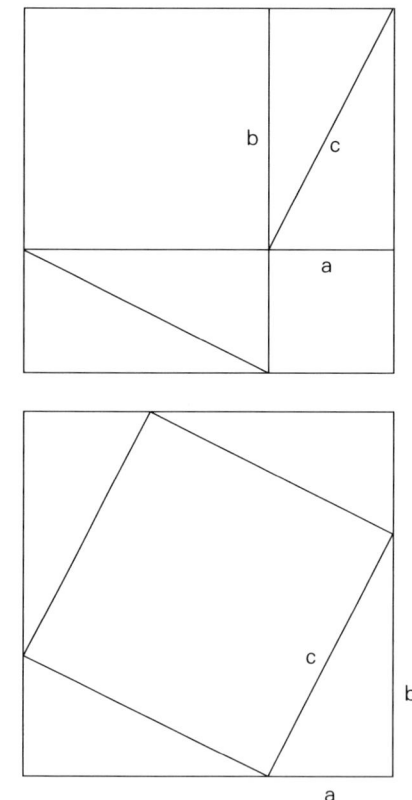

그림 2

의 길이가 $a+b$인 정사각형을 생각해보라. 네 개의 주어진 직각삼각형을 이 정사각형 안에서 그림 2에서처럼 두 가지 방식으로 재배열하라. 네 삼각형의 넓이를 뺀 정사각형의 나머지 넓이가 한 경우에서는 c^2이고 또 한 경우에는 a^2+b^2이다.

나는 앞에서 경제성, 우아함 그리고 지적인 놀이에 대하여 이야기했다. 위의 돋보이는 멋진 증명에서 이러한 특성들이 좀더 분명해졌을 것이다. 이 도형 자체가 매우 세련된 '농담'에서 발견되는 일종의 '펀치 라인'인 것이다.

다음 두 결합의 결과도 그 실례이다. 아마도 지금까지의 수학자 중 가장 위대한 수학자라고 생각되는 가우스Karl Friedrich Gauss가 초등학교에 다닐 때 풀었던 문제를 생각해보자. (교육받은 사람 중 지금까지 살았던 가장 위대한 작가인 셰익스피어를 전혀 모른다고 인정하는 사람은 없으면서―그 이름 자체에 어떤 의미가 있다고 생각할 정도이다―아무렇지도 않게 가우스, 오일러, 푸앵카레 등의 이름을 모른다고 인정하는 것은 정말 이상한 일이다.) 가우스의 선생님은 잠시 동안 반 아이들을 조용히 시키려고 처음 백 개의 정수의 합을 찾으라고 요구했다. 그러자 가우스는 즉각 정답이 5,050이라고 대답했다. 그가 어떻게 했는지 그림 3을 보면 분명해진다.

50쌍의 수가 있는 데 각 쌍은 101이 되고 50 곱하기 101은 5,050인

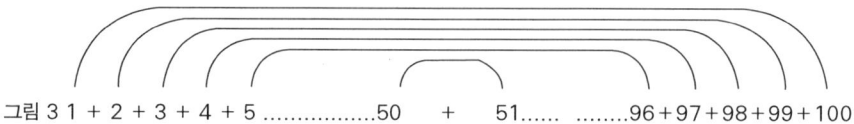

그림 3 1 + 2 + 3 + 4 + 5 50   +   51...... ....96+97+98+99+100

것이다. 같은 개념이 일반적으로 작용한다. 그런 식으로 다음의 공식을 얻을 수 있다.

$$1+2+3+\cdots n=(n+1)$$

천재적인 통찰력으로 단번에 해답을 얻게 되는 또 하나의 실례이다.

이제 대각선으로 마주보고 있는 두 개의 네모 칸을 없앤 장기판(즉, 64개 대신 62개의 네모 칸이 있는)을 31개의 도미노 패로 덮는 방법을 찾아내는 문제를 생각해보자.(도미노의 각 패는 2개의 삼각형으로 나누어져 있고, 각각의 사각형에는 주사위처럼 점들이 표시되어 있다—옮긴이) 계속 읽어내려가기 전에 문제를 한번 풀어보라. 한 가지 진행 방식은 도미노 패로 한 칸씩 덮어가며 어떻게 되는지 직접 확인해보는 것이다. 또 다른 접근방식은 쉽지만 매우 날카로운 관찰을 필요로 한다. 즉 모든 도미노 패를 가지고

그림 4

검은 칸 하나와 흰 칸 하나씩 덮어가는 것이다. 따라서 두 개의 없어진 칸은 모두 흰색이므로 31개의 도미노 패로 남은 62칸을 덮는 방법은 없다!

마지막으로 소수의 개수가 무한히 많다는 사실을 증명하려 한다. 유클리드 덕분에 그 증명은 귀류법 증명의 멋진의 예가 되었다. 소수란 그 약수가 자기 자신과 1밖에 없는 수임을 기억하라. 따라서 처음 10개의 수는 2, 3, 5, 7, 11, 13, 17, 19, 23, 29이다. 소수의 목록을 계속 열거하다보면 갈수록 두 수의 차가 벌어진다는 것을 알게 된다. 그런데도 소수가 무한히 많다는 것을 증명하고 싶다. 그리하여 먼저 소수의 개수가 유한이라 가정하고 이 가정에서 모순을 끌어내려고 노력한다. 그래서 소수를 2, 3, 5, 7, …p라 하여 p를 가장 큰 소수라 생각하자.(소수가 유한 개라고 가정하였기에 반드시 최대 수가 있을 것이다.) 자, 이제 위 목록에 있는 모든 소수를 곱하여 새로운 수 N을 만든다. 즉 다음 식이 성립한다.

$$N = 2 \cdot 3 \cdot 4 \cdots p$$

이제 N+1인 수를 상정하여 그 수를 2로 나누어 떨어지는지(나머지가 0인지) 알아보자. 2는 N의 약수이므로 N을 2로 나눌 때 나머지가 0이다. 따라서 N+1을 2로 나누면 나머지 1이 나오므로 나누어 떨어지지 않는다. N을 3으로도 나누었을 때 나머지가 0인 것은 3 또한 N의 약수이기 때문이다. 따라서 N+1을 3으로 나누어도 나머지 1이 또다시 남기 때문에 나누어 떨어지지 않는다. 이러한 현상은 5, 7 그리고 p까지의 모든 소수에 대해서도 다 마찬가지다. 그 모든 수들로 N을 나누면 나머지가 0이고 N+1을 나누면 나머지가 1이다.

이것은 무엇을 뜻하는가? 소수인 2, 3, 5,⋯ p의 그 어떤 것도 N+1을 나누어 떨어지게 하지 못하기 때문에 N+1 그 자신이 p보다 더 큰 소수이거나 아니면 p보다 더 큰 어떤 소수로 나누어 떨어진다는 결론을 얻을 수 있다. 그러나 우리는 이미 p를 가장 큰 소수로 가정했으므로 여기서 모순―최대 소수보다 더 큰 소수가 존재한다는―이 발생한다. 따라서 소수의 개수가 유한이라는 원래의 가정은 분명히 잘못인 것이다.

위에서 언급한 예들이 결코 웃기려고 의도된 것은 아니었다는 점을 다시 말한다. 다만 그것들이 멋진 수학적 증명 속에 내재된 몇몇 특성— 총명, 간결, 재미, 정교한 결합, 논리(특히 귀류법)—으로 훌륭한 유머 속의 고유한 특성과 유사하다는 점을 보여주려 했던 것이다.

많은 유머에 들어 있는 단정적 어조를 대체로 수학에서는 찾기 힘들며 좀더 중립적이고 명확한 태도가 더 많다. 그럼에도 불구하고 고대 그리스에서 논리적 논쟁의 올바른 규범을 만들고 다듬는 데 있어 동기를 부여한 것 중 하나가 바로 토론할 때 상대를 이기고자 하는 경쟁적 욕구였다는 사실을 기억하자. 이러한 경쟁심리가 대부분의 수학자들이 가진 심리의 한 요소라는 점은 정말 확실하다. 사실 수학 세미나에서 세미나실에 있는 모든 사람들이 "내가 최고의 수학자이다."라는 똑같은 사실을 증명하려고 노력하는 일을 종종 목격할 수 있다.

수수께끼, 속임수가 담긴 문제trick problem, 패러독스, 머리를 굴리는 문제brain teasers*들이 수학과 유머를 연결하는 다리 구실을 하는 것 같다. 대부분의 농담보다는 더 지적이면서 대부분의 수학보다는 더 가벼우니

---

* 이런 것에 대해 사람들은 대부분 "그것 참 이상하다," 또는 "농담하지마." 하고 반응하는 것에 주목하라.

까. 한 예로 다음의 문제를 생각해보자.

두 기관차가 같은 선로의 300마일 떨어진 곳에서 서로를 향해 달리기 시작한다. 첫 번째 기관차는 시속 100마일로 두 번째 기관차는 시속 50마일로 움직인다. 기관차들이 출발할 때 새 한 마리가 시속 200마일의 속도로 첫 번째 기관차를 떠나 두 번째 기관차를 향해 날아간다. 그 새는 두 번째 기관차에 이르는 즉시 몸을 돌려 첫 번째 기관차로 날아간다. 그 새는 이런 식으로 날기를 계속한다. 문제는 그 새가 얼마의 거리를 날아간 후에 두 기관차 사이의 충돌이 일어나느냐 하는 것이다. 만일 새가 이동한 거리에 초점을 맞춘다면 문제는 매우 어려워지며 결국 날아간 거리를 모두 합해야 한다. 그러나 만일 두 기차가 마주치는 데 걸리는 시간을 살펴본다면 (2시간이다. 왜냐하면 그 두 기차는 둘 사이에 놓인 300마일의 거리를 둘이 합하면 시속 150마일의 속도로 가고 있으니까) 그 새는 기차가 충돌하기 전에 $2 \times 200 = 400$마일의 거리를 간다는 사실을 알기는 쉽다. 실제로는 한 기차가 마지막 순간 탈선하여 그 새는 생명을 보존할 수 있다. 이것은 물론 유머의 '탈선' 이론과는 아무 상관이 없다.

1장 '수학과 유머'를 끝맺음하는 적절한 방법이 하나의 유머—더욱 특수한 농담—를 보여주는 것이다. 왜냐하면 그것들은 단순하고 전후 관계를 많이 제시하지 않아도 의미가 통하기 때문이다. 다음의 농담들은 수학과 유머간의 이미 언급한 바 있는 유사성 중 몇 가지를 예시해준다.

첫 번째 '지저분한' 농담의 전형: 한 뚱뚱한 허풍쟁이가 걸어가다가 바나나 껍질에 미끄러져서 진흙탕에 빠진다.(흙탕물에 빠져 글자 그대로 지저분하게 되었다는 뜻. 이 자체가 농담joke다.—옮긴이)

바보와 오해에 관한 농담은 대체로 유머의 우월 및 부조화 이론 모두의 좋은 예이다.: 키가 크고 바싹 마른 체구에 대머리인 사람과 키가 작고 뚱뚱한 사람, 이 두 바보가 술집에서 나온다. 그들이 집 쪽으로 출발할 때 새 한 마리가 날아와서 그 대머리 남자의 머리에 똥을 싼다. 키 작은 남자가 화장지를 갖다 주러 술집으로 돌아가겠다고 하자 대머리 남자가 다음과 같이 말한다.

"아닐세. 그러지 말게. 그 새는 아마 지금쯤 1마일은 날아갔을 걸세."

한 뚱뚱한 남자가(조금 전의 농담에 등장한 사람의 형) 접시에 담긴 큰 고깃덩어리가 놓인 식탁에 저녁 식사를 하기 위해 앉는다. 그의 아내가 그 고기를 네 조각으로 자를 것인지 여덟 조각으로 자를 것인지 묻는다. 그는 대답한다. "당연히 네 조각이지. 나는 몸무게를 줄이는 중이니까."

한 죄수가 교도관들과 카드놀이를 하고 있다. 교도관들은 죄수가 속임수를 쓰고 있음을 알게 되자 그를 감옥 밖으로 차버린다.

마지막으로 농담은 그만두고 수학에서 예를 들어보겠다. 다름 아니라 루이스 캐롤Lewis Caroll의 진지함을 가장한 다음과 같은 짤막한 시이다.

그와 같은 모든 즐거움이

온갖 지수와 무리수로 가득찬 삶을 보내고 있는 내게 뜻하는 것은

$X^2 + 7X + 53 = 11/3$이다.

〔표정(index, 수학적 용어로 지수를 뜻함)과 불합리(surd, 수학적 용어로 무리수)로 다의어를 사용하여 수학식으로 유머를 표현한 캐롤의 예를 들어 다음 이야기가 수학에 관한 것임을 암시하고 있다.—옮긴이〕

02 « 공리, 수준, 반복

내가 1장에서 언급했듯이 논리와 연역은 수학에서 필수적인 역할을 할 뿐만 아니라 유머를 이해하는 데도 중요하다. 하다못해 불합리한 추론을 인식하기 위해서라도 어느 정도 논리에 대한 이해가 있어야 한다. 귀류법, 전제, 불합리한 추론, 위장된 등치等値 등등의 논리적 개념들을 활용하는 농담 외에도 많은 농담과 수수께끼에 유머를 담고 있으려면 공리적 방식에 대한 함축적 이해가 먼저 이루어져야만 한다. 우리는 이후에 공리적 방식 및 대상object 수준의 명제와 메타meta 수준의 명제 사이의 차이에 대한 공식적 설명을 어떻게 전개시켜 나갈지 정확하게 보게 될 것이다. 이 장의 말미에 반복의 개념과 그것이 유머와 어떻게 관계를 맺는지에 관해서도 논의할 것이다.

공리적 방식은 고대 그리스의 기하학으로 거슬러 올라간다. 간단히 말해 그것은 공리公理와 같은 어떤 자명한 명제들을 선택하고 그것에서 종종 그렇게 자명하지는 않은 다른 명제들을 논리에 의해서만 연역해내는 것을 의미한다. 이 방식은 중학교 기하학에 많이 등장한다. 주어진 일련의 공리들에 대해 서로 다른 해석이 있을 수 있다는 생각은 별로 바람직하지 않은 것 같이 보일 수도 있다. 그 공리들에는 무정의 용어들이 포함되어 있고 공리들이 지칭하는 것에 대하여 직관에 따라 추론할 수 있는 것이 아니기 때문이다. (먼저 점에 관하여 살펴보면, 물론 다른 용어들이 이와 같은 무정의 용어들로 정의될 수도 있지만 궁극적으로 어떠한 용어들은 원래 그대로 받아들여야 한다.) 이러한 문제를 명확하게 처리하는 최선의 방법은 해석되지 않은 공리 체계의 한 가지 간단한 본보기를 설정하는 것이다.

따라서 우리는 처음에 공리들을 매우 추상적으로 진술하고 나서 그 다음에 그것들이 의미할지도 모르는 것에 관하여 고민할 것이다. 우리의 단순한 공리 체계를 위해 선택한 공리들은 다음과 같다. 각 공리에 나타나는 글자 F는 각 원소들 간의 임의적 관계를 나타낸다.

공리 1 : 임의의 두 원소 a와 b에 대하여 b가 a에 관하여 F 관계에 있으면 a는 b에 관해 F 관계에 있지 않다. (줄여 쓰면, $b\,F\,a$이면 $a\,F\,b$는 아님.)

공리 2 : 임의의 원소 a에 대하여 a에 관하여 F 관계에 있는 원소 b가 존재한다. (임의의 원소 a에 대하여 $b\,F\,a$인 원소 b가 존재한다.)

　공리 3 : 임의의 원소 a에 대하여 어떤 원소 b가 존재하여 a는 b에 관하여 F 관계에 있다. (임의의 원소 a에 대하여 $a\,F\,b$인 원소 b가 존재한다.)

　공리 4 : 임의의 세 원소 a, b, c에 대해 b가 a에 관해 F 관계에 있고 c가 b에 관해 F 관계에 있다면 c는 a에 관해 F 관계에 있다. ($b\,F\,a$이고 $c\,F\,b$ 이면 $c\,F\,a$.)

　공리 5 : b가 a에 관해 F 관계에 있는 어떤 두 원소 a와 b에 대해 c가 a에 관해 F 관계에 있고 b는 c에 관해 F 관계에 있는 제3의 원소 c가 존재한다. ($b\,F\,a$이면 $c\,F\,a$이고 $b\,F\,c$인 원소 c가 존재한다.)

　이러한 공리에서 우리는 무엇을 증명할 수 있을까? 이것들은 너무나 단순한 공리의 집합이므로 그리 대단한 것은 아니다. 그러나 우리가 이것에서 논리적으로 어떤 결론을 얻기 위하여 이것들이 무엇에 '관한' 것인지 알 필요가 없다는 사실에 주목하라.

　정리 1 : 주어진 원소 a에 대하여 b가 a에 관해 F 관계에 있는 그러한 원소 b가 무한히 많이 존재한다.

　주어진 원소 a에 대하여 적어도 $b\,F\,a$인 원소 b가 한 개 존재한다. 이것은 공리 2의 결과이다. 이제 우리는 이 공리를 다시 원소 *b*에 적용할 수 있다. 즉 다시 공리 2에 의해서, 어떤 원소—이를 *c*라고 하자—가 존재하여 *c F b*를 만족한다. 그러나 만일 *c F b*이고 *b F a*이면 공리 4에 의해서 *c F a*이다. 이로써 공리 2와 공리 4를 적용하는 과정을 무한히 되풀이될 수 있다는 사실이 분명하다. 따라서 우리는 *a*에 관해 *F* 관계에 있는 원소들이 무한히 많다고 결론짓는다.

우리는 또한 다음과 같은 비슷한 보통의 결과를 증명할 수도 있다.

정리 2 : *a F b*인 어떤 두 원소 *a*와 *b*에 대하여 *a F c*이며 *c F b*를 만족하는 무수히 많은 요소들이 존재한다.

*a F b*이면 공리 5로부터 *a F c*이고 *c F b*인 원소 *c*가 적어도 한 개 존재함을 알 수 있다. *a F c*이므로 다시 공리 5에서 *a F d*이고 *d F c*인 원소 *d*가 존재한다.

이제 공리 4에 의하여 *d F c*이고 *c F b*이므로 우리는 *d F b*임을 안다. 따라서 *a F d*이고 *d F b*이면 요구되는 성질을 가진 제2의 원소가 있는 것이다. 곧이어 우리는 공리 5와 공리 6을 계속 적용하여 *a F p*이고 *p F b*인 요소 *p*를 무한히 찾을 수 있다.

지금까지 공리들을 나열하고 이로부터 간단한 몇 가지 정리들을 증명했으니 다시 이 공리들이 무엇에 관한 것인지 물어보아야 한다. 여러분이 생각했을 법한 한 가지 해석은 그 원소들을 선 위의 점들로, F를 '~의 오른쪽에' 라는 관계인 것으로 이해하는 것이다. 이러한 해석에 의하면 그 공리들은 분명히 참이다. (그림 5)

bFa는 b가 a의 오른쪽에 있다는 것을 의미한다. 그림 5

    결국 공리 1은 b가 a의 오른쪽에 있으면, a는 b의 오른쪽에 있지 않음을 말하고 있다. 공리 2와 공리 3은 그 선의 양쪽 모두에 끝나는 점이 없음을 말한다. 공리 4는 b가 a의 오른쪽에 있고 c가 b의 오른쪽에 있으면 c는 a의 오른쪽에 있음을 말해준다. 이 마지막 특성을 갖는 '~의 오른쪽에 있는'과 같은 관계를 추이推移적이라고 말한다. 마지막으로 공리 5는 그 관계가 '조밀하다', 즉 두 점 사이에 제3의 점이 있음을 말해준다.

    추상적인 원소들과 막연한 관계를 나타내는 기호 F에 의미를 부여하고 그 공리들이 참임을 말해주는 어떤 해석을 그 공리들의 모델이라고 부른다. 따라서 F를 '~의 오른쪽에 있는' 것으로 해석하는 일직선 위의 점들은 공리 1에서 5까지의 모델인 것이다. 이러한 공리들에 대하여 본질적으로 서로 다른 모델들이 존재할까? 내가 일단의 공리들이 한 가지 이상의 해석이 있을 수 있다는 것을 예시하기 위하여 이 예를 도입한 것이므로 이러한 공리들에 대하여 여러 다른 모델들이 있다고 짐작하기는 어려운 일이 아니다. (우리는 그 공리들을 어떤 미스테리 사건에 대한 여러 단서로, 그리고 그 범죄를 구성할 수 있는 여러 시나리오를 이 공리들의 여러 모델로 생각할 수 있다.)

예를 들어 원소들을 한 평면 위에 있는 원들로, F를 '그 안에 포함된' 관계로 간주해보라. 그렇다면 공리 1에 의해 원 b가 원 a에 포함된다면 a는 b에 포함되지 않는다.(그림 6) 공리 2와 3에 따르면 어떤 원이 주어졌을 때 그 원에 포함되는 원뿐만 아니라 그 원을 포함하는 또 다른 원이 있다. 공리 4에 의하면 b가 a에 포함되고 c가 b에 포함되면 c 는 a에 포

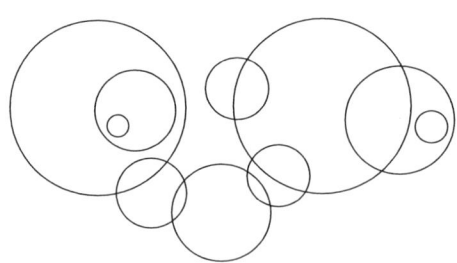

그림 6　　　　　　　　bFa는 b가 a안에 포함된다는 의미이다.

함되는 것이다. 또 공리 5로 보면 한 원이 다른 원을 포함하면 두 번째 원을 포함하는 첫 번째 원 안에 제 3의 원이 있다. 따라서 '그 안에 포함된'으로 해석되는 관계 F를 만족하는 평면 위의 모든 원들의 집합도 또한 공리 1에서 5까지의 모델이다.

위의 공리에서 논리적으로 증명된 정리들은 모든 모델들에 적용되며 특히 이 모델에도 그대로 적용된다. 이 이야기는 다시 한 번 반복할 만한 가치가 있다. 어떤 정리가 일련의 공리에서 논리적 추론에 의해서 도출된다면 그 정리는 이 공리들의 모든 모델에 대해서도 반드시 참이다. 이는 어떤 명제가 공리에서 증명될 수 없는 것인지를 결정하는 방법에 대하여 말해준다. 여기에는 그렇게 심오한 것이 아니고 단지 반증이 있는 명제는 증명이 불가능하다는 상식적인 생각을 약간 더 분명하게 설명할 뿐이다.

이제 명제 S—어떤 주어진 원소 a에 대하여 $b\,F\,a$도 아니고 $a\,F\,b$도 아닌 그런 b가 (a와는 다른) 있다.—를 생각해보라. S는 공리 1에서 5까지의 첫 번째 모델에서는 거짓이다. 왜냐하면 거기에서는 a의 오른쪽에 있지도 않고 왼쪽에 있지도 않은 그 선 위에 a와 다른 점 b가 있다고 하기 때문이다. 그러나 두 번째 모델에서는 사실이다 . 왜냐하면 거기에서는 어떤 원이 주어졌을 때 a를 포함하지도 않고 a에 포함되지도 않는 다른 원 b가 있다고 하기 때문이다. 그림 6에 두 번째 모델에서 S가 참임을 보여주는 예를 볼 수가 있다. 그러므로 S는 그 공리들의 한 모델에서는 거짓이고 다른 모델에서는 사실이기 때문에 그 공리에서 증명할 수도 없고 또 반증할 수도 없다. 그러한 명제를 공리에서 독립된 명제라고 말한다.

유머로 돌아가기 전에 수학적 논리와 유머에 관한 토론들 사이의 차이를 극명하게 보여주는 대상 수준과 메타 수준 사이의 차이점을 말하겠다. 대상 수준의 명제는 지금 공부하고 있는 공리 체계 안에 있는 명제이다. 다음에 그 몇 가지 예가 있다.

i) 만일 $a \ F \ b$이고 $b \ F \ c$이면 $a \ F \ c$이다.

ii) $a \ F \ b$이거나 $b \ F \ a$ 또는 $a=b$의 세 경우 중의 하나이다.

iii) 모든 b에 대하여 $b \ F \ a$이다.

iv) $b \ F \ a$인 b가 있다.

메타 수준의 명제는 그 공리 체계에 관한 진술이거나 그 안에 있는 대상 수준의 명제에 관한 명제이다. 다음은 그 예들이다.

ⅰ) S는 1에서 5까지의 공리들에서 독립되어 있다.

ⅱ) 1에서 5까지의 공리들에는 두 개의 다른 해석이 있다.

ⅲ) S는 한 가지 해석에 있어 참이다.

ⅳ) 공리 5는 공리 1보다 더 재미있다.

도대체 이 모든 것이 유머와 무슨 관계가 있을까? 1장에서 나는 유머에 필요한 한 가지 요소로 어떤 것(사람, 진술, 상황)을 바라보는 상충되는 두 가지 방식이 나란히 놓여 있는 것에 대하여 언급했다. 즉 익살맞은 어떤 것에 대해서 어떤 별나거나 이상스러운, 또는 부적합한 면을 함께 보이며 상상하고 비교하여야 한다는 것이다. 공리 체계와 그 해석 혹은 모델들은 어떤 종류의 부조화스러운 것에 비슷한 형식을 제공하는데, 그것은 즉 서로 다르고 서로 모순되는 해석을 가지는 두 개의 진술이나 이야기에서 나온 것이다. 게다가 두 가지의 모순되는 해석이 같은 진술이나 이야기를 둘 다 충족시키기 때문에 서로 불일치되는 부분에 어떤 묘미가 있는 것이다.

그러한 이야기나 농담들의 형식적 구조는 다음과 같다.

농담꾼: "공리 1, 2, 3은 어떤 모델에서 참이지?"

그림 7

듣는 사람 : "모델 M에서."

농담꾼 : "아니야, 모델 N이야."

다음의 고전적 코믹 농담이 한 가지 예이다.(그림 7)

더러운 옷차림의 늙은이가 어리고 순진한 아가씨를 짓궂게 바라보며 말한다.

"딱딱하고 마른 상태로 들어갔다가 부드럽고 젖은 상태가 되어 나오는 것은 뭘까 ?"

아가씨는 얼굴을 붉히며 더듬거린다. "글쎄요. 저 …… 음 ……,"

그 말에 그 늙은이는 "껌이지."라고 짓궂게 대답한다.

다시 말하자면 형식적인 예에서의 '모델 N'과 코믹 농담에서의 '껌'(더 정확하게는 껌이 시사하는 시나리오 전체)은 주어진 '공리'들의 예기치 않았던 그리고 상충되는 모델의 역할을 하는 것이다. 1장에 나왔던 프로이트식 농담과의 유사성에 주목하라.

말할 필요도 없이 이러한 유형의 모든 농담 속에는 '공리'가 내재되어 있는데 간략하고 생략된 형태로, 또 구어체의 말로 표현된다. 그 공리에 대한 '당연한' 해석에 익숙해져 있는 것이다. 그 이야기의 펀치 라인은, 그 방식이 옳을 때 유머를 불러일으키는, 어떤 다른 생각지도 못한 어긋난 해석을 내놓는다. 두 번째 예로써 컴퓨터 맞선에서 요구 사항을 입력한 젊은이의 이야기를 생각해보자. 그는 수상 스포츠를 즐기고, 정장을 즐겨 입고, 누군가와 함께 하기를 원하는, 편안한 성격의 키 작은 누군가를 원했다. 그러자 컴퓨터는 그에게 펭귄을 보내주었다. 그 젊은이의 요구 사항이 공리 역할을 하였고 이 공리에 대한 자연스러운 해석은 위의 요구 사항에 부응하는 생활 방식을 갖고 있는 한 아가씨인 것이 분명하다. 그렇지만 펭귄과 그의 생활 방식이 공리에 대한 예기치 못한 모델을 제공한 것이다.

수수께끼 또한 방금 논의된 유형의 농담과 똑같은 형식 구조를 갖고 있다. "A1, A2, A3의 속성을 갖고 있는 것은 무엇인가?" "M" (혹은 때때로 "몰라.") "아니. N이야." 동음이의어도 수수께끼에서 종종 한 역할을 한다. 아주 흔한 수수께끼 — "온통 검고 하얗고 빨간 것은 무엇인가?" "신문" —를 생각해보자. 물론 한 수수께끼에 한 가지 이상의 어긋나는 해석이 있는 일도 빈번하다. 배릭M. E. Barrick(1974)은 위의 수수께끼에 대한 답으로 끔찍스럽게도 긴 목록을 모았는데, 상처가 나 피흘리는 간호사, 당황한 얼룩말, 더러운 굴뚝을 타고 내려오는 산타 클로스, 전체 행진시

오른쪽 끝에 있는 사람의 시야, 기저귀 발진이 있는 스컹크 등이다.

내가 좋아하는 이런 종류의 농담과 수수께끼(사실 패러디에 더 가깝다)가 로스텐Leo Rosten의 《유대인의 농담The Joys of Yiddish》(1968)에 등장한다.

아버지가 아들에게 묻는다.

"벽에 걸려 있는 것 중에서 녹색이고, 축축하고, 호각을 부는 것이 뭘까?"

아들은 잠시 생각하고는 쩔쩔 매다가 마침내 포기한다.

"청어." 아버지가 말한다.

"청어요? 청어는 벽에 걸려 있지 않은 데요?" 아들이 반문한다.

"그러면 벽에 걸어라." 아버지가 설명한다.

"그렇지만 청어는 녹색이 아니잖아요."

"그렇게 색칠하면 되지."

"하지만 축축하지도 않은 걸요."

"막 색칠한 것은 축축하지."

"하지만," 화가 난 아들이 총알같이 말한다. "청어는 호각을 불지 않아요." "맞아," 아버지는 미소 짓는다. "내가 단단하게 하려고 안에다 집어넣었단다."

나는 여기에서 상황에 따른 것이든, 고정된 것이든 간에 농담을 이해하려면 친숙한 그리고 어긋나는 두 가지의 해석을 다 상상하고 비교할 수 있는 (또는 한 가지 해석만 있다면 그것의 별난 구석을 감상해야 한다.) 수준인 메타 수준에까지 올라가야 함을 강조하고자 한다. 이는 방금 논의된 유형의 농담에서도 분명한 것처럼 보이고 또한 다른 유형들에도 진실한 것처럼 보일 것이다. 물론 다양한 해석과 그 해석들이 서로 일치하지 않는 점들은 결정적으로 그 맥락과, 관계된 사람의 이전 경험, 가치관, 믿음 등등에 달려 있다.

이와 같이 메타 수준으로의 심리적 퇴행(혹은 접근)이 필요하다는 지적은 어쩌면 유머를 감상하는 데 통찰력이 필요하다는 것을 의미하는 것이리라. 그것은 또한 독단론자, 관념론자, 편협한 마음의 소유자들이 왜 유머가 없는 것으로 악명이 높은지에 대한 설명도 된다. 한 가지 체계 혹은 일단의 규칙에 의해서만 그 삶이 지배를 받는 사람들은 말하는 방식에서 자신들이 속한 체계의 대상 수준에 고착된다. 자신이 속한 당의 방침만을 위압적으로 뱉어내는 정치적 급진주의자들이거나 어떤 사소한 일련의 규칙만을 강요하는 관료주의자들은 자신이 속한 체제 밖으로 나올 능력이 결핍되어 있다. 농담을 이해하는 일은 분명히 인간의 행위이므로 이를 위해서는 여러 다른 분야의 상대적 중요성을 즉석에서 평가하는 것과 어떤 의미와 그 의미의 이면裏面을 비교하고 말로 표현되지 않은 관계들과 함축적 생각들을 인식하며 전체로써의 상황을 파악하기 위하여 이 모든 것들을 적절한 맥락 속에 집어넣을 것을 요구한다. 이러한 복잡한 작용들은 모두 메타 수준(또는 메타-메타 수준)의 행위이며 컴퓨터의 능력과 컴퓨터이고 싶어하는 사람들의 능력을 벗어나는 일이다.

그럼에도 불구하고 그러한 사람들의 엄격함이 때로는 무심코 사람들을 웃기게 된다. 어쩌면 (그들이 여러분들에게 어떤 영향력이 있는 것도 아닌데도) 한 인간이 자동 기계처럼 행동하는 모습의 부조화가 그 이유일 것이다. 이 점에 대해서는 베르그송도 아마 크게 동의할 것이다.

이처럼 기계처럼 굳어 있는 사람들의 반대쪽 극단에 정신 상태가 물러터진(극도로 느슨하고 조직력이 약하다는 의미에서) 사람들이 있다. 그런 사람들도 그다지 유머 감각이 있는 것 같지는 않다. 왜냐하면 유머를 감상하려면 약간의 정신적 규율, 다양한 복합적 개념과 그 상호간의 관계에 대한 인식, 어떤 가치에 대한 (적어도 부분적인) 수용 등이 필요하기 때문이다. 무엇이 옳고, 조화롭고, 자연스러운지에 대한 느낌이 없이는 무엇이 틀렸고, 모순되고, 부자연스러운지를 인식할 수 없는 것이다.

그와 다소 비슷한 생각을 인류학자 피딩톤Ralph Piddington(1933)이 웃음이란 가치와 믿음 체계를 필요조건으로 한다고 강조한 적이 있다. 프랑스의 사회학자 듀프렐Dupréel은 공유된 웃음이란 종종 그러한 가치와 믿음(우리의 형식 용어로는 공리)을 강화하고 사회 집단 간의 경계를 지어주는 것 같다는 의견을 피력한 최초의 사람들 중 한 명이다. 최근에는 심리학자인 파베Lawrence La Fave (1978)가 농담은 그것이 '긍정적 준거 집단'을 드높여주고 '부정적 준거 집단'을 얕보는 그런 정도까지 유머러스하다는 진술에 대한 경험상의 지지를 찾아냈다. 그러므로 농담(더 정확히 말하자면 '모욕' 농담)은 파베가 쓴 대로 좋은 사람들(긍정적 준거 집단)이 이기고 나쁜 사람들(부정적 준거 집단)이 질 때 재미있고, 나쁜 사람들이 이기고 좋은 사람들이 질 때는 재미가 없다. 이러한 유머의 상대성은 일반적으로 적용되고 있으며, 부조화와 부적절함의 개념들이 조화와 적절함이라는 이전의 개념에서 나온 것이고 서로 다른 사람들(서로 다른 준거 집단)은 조화스럽고 적절한 것에 대한 서로 다른 기준(공리)을 갖고 있다는 단순한 사실에 의존하고 있다. 이 문제는 이 책의 결론 부분에서 다시 다루겠다.

공리 체계에 대한 대체 모델이라는 토픽을 끝내면서 비유클리드 기하학에 관하여 무엇인가를 꼭 말해야겠다. 유클리드가 기하학에서 공리를 발전시킨 일로 유명하다는 사실은 의심의 여지가 없다. 이 잘 알려진 공리 중에서도 유명한 평행 공준公準이 있는데 그것은 주어진 직선 위에 있지 않은 한 점을 지나면서 주어진 직선에 평행한 직선을 정확히 그릴 수

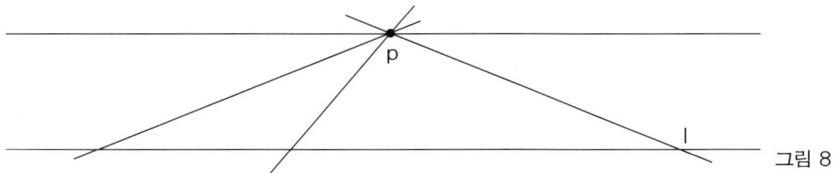

그림 8

있다는 것이다. 여기에서 점과 직선은 무정의 용어들이고, 두 직선이 서로 공통되는 점을 가지고 있지 않다면 평행이다라고 정의한다. 일반적 방식으로 점과 직선을 해석할 때 그림 8을 얻는다.

수세기를 통하여 많은 수학자들이 기하학의 다른 공리에서 평행 공준(공리)을 증명하려고 노력했다. 그들은 귀류법을 포함하여 그들이 상상할 수 있는 모든 방법을 다 써보았으나 결코 증명에 이르지 못했다. 이들의 실패가 바로 유클리드 기하학에 어떠한 절대성을 부여한 것 같았다. 임마뉴엘 칸트는 사람들이 공간에 대하여 오직 유클리드식으로만 생각한다고 주장할 정도였다. 마지막으로 19세기에는 수학자 가우스Gauss, 보여이 Bolyai, 로바체프스키Lobachevski가 우리의 작은 형식 체계에서 명제 S가 1에서 5까지의 공리에 대하여 갖는 관계―다시 말해서, 그 진술은 그 공리들에서 독립되어 있다―와 같이 유클리드의 평행 공준이 유클리드 기

---

* 이와 유사한 진술을 에이브러햄 로빈슨Abrahan Robinson의 분석에 대한 비표준적 모델에 관하여 할 수 있다.

하학의 다른 공리들과 똑같은 관계를 갖고 있음을 깨달았다. 나중에 그 안에서 평행 공준이 거짓인, 유클리드 기하학과는 다른 새로운 공리들의 한 모델을 구축하였다. 이전에는 공리 체계에 대한 여러 다른 해석에 대한 개념이 알려져 있지 않았다. 농담이라는 단어가 지니는 의미를 곡해한다고 할지 모르겠지만 (평행 공준이 포함되지 않은) 유클리드의 공리들에 대한 또 다른 해석의 발견은 일종의 수학적 농담이다.(그것은 임마뉴엘 칸트가 이해 못한 농담이다.) 1장에서 언급된 정서적 분위기가 여기에서도 딱 들어맞는 것은 아니다. 그러나 소리 높여 웃는 웃음은 아니더라도 (평행 공준이 포함되지 않은) 유클리드의 공리들에 대한 하나의 모델로써 우리가 막 전개시키려 하는 구조를 알아보는 것과 관련된 일종의 지성이 담긴 미소를 자아내는 것도 있다.

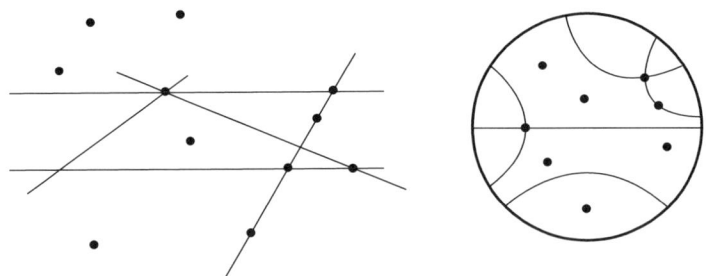

그림 9   유클리드 기하학 비유클리드 기하학(푸앵카레의 모델)

(푸앵카레가 정한) 우리의 새로운 모델에서는 유클리드의 평면을 고정된 하나의 원으로 대체하고, 평면에서의 점들은 (무정의 용어) 이 원 안의 점들로 바꾸고, 평면에서의 직선들(또 하나의 무정의 용어)은 그 원과 수직으로 교차하는 원의 호들이나 원의 지름으로 대체한다. (그림 9)

또한 거리는 고정된 원에서 원주 근처에 있는 구간들의 길이가 원의 중심 근처에 있는 구간들의 길이보다 더 길다라는 방식으로 정의하고 있다. 사실상 '직선' (다시 말해서, 고정된 원과 수직으로 교차하는 원의 호)의 길이는 무한하다. 호 위의 구간들은 정할 때 고정된 원의 원주 쪽으로 구간들을 옮김으로써 마음대로 길게 만들 수 있기 때문이다.(그림 10)

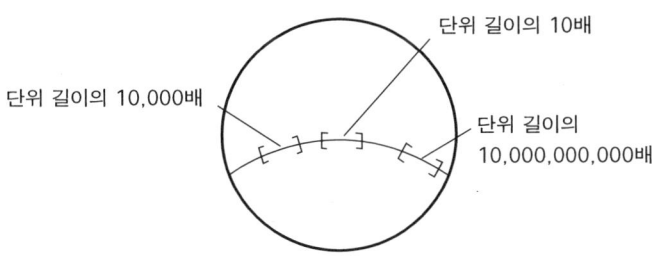

그림 10

기본적인 무정의 용어들—점, 직선, 거리—을 이렇게 이해하고 나면 평행 공준을 제외한 유클리드 기하학의 모든 공리들이 성립하여 참임을 확인할 수 있다. 예를 들어, 두 점을 통과하는 '직선' 하나가 존재한다는

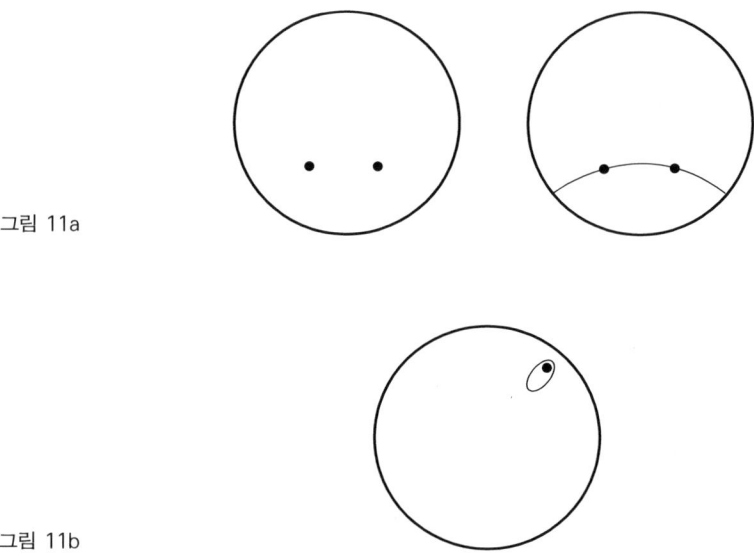

그림 11a

그림 11b

사실을 아는 것은 그리 어렵지 않다. 그림 11a 또한 거리에 대한 정의 방식 때문에 어떤 선분도 무한히 확장될 수 있다. 게다가 거리가 정의된 방식 때문에 어떠한 점을 중심으로 원을 그려도 약간 타원처럼 보인다. (그림 11b)

마지막으로 이 모델에서 평행선 공준이 거짓임을 확인해보자. 한 점 p를 통과하여 주어진 선 l과 평행인 선을 두 개 이상 (사실은 무한히 많을 수

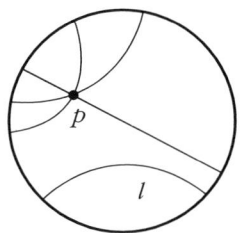

그림 12

있다) 그릴 수 있다는 사실은 쉽게 확인할 수가 있다. (그림 12) 그렇다면 평행선 공준은 기하학의 다른 공리들과는 독립적으로 존재하는 것으로 볼 수 있다. 결국 이 공리들은 어떤 모델에서는 참이고 어떤(즉 이번 것) 모델에서는 거짓이다. 따라서 그것은 이런 공리들로는 증명될 수 없다.

평행선 공준이 거짓으로 판명되는 또 다른 모델들도 있다.(우리의 유머로 유추해보면 평행선 공준이 빠진 유클리드 기하학은 매우 훌륭한 농담이다.) 공리로서의 평행선 공준을 실질적으로 부정하는 공리 체계를 비유클리드 기하학이라고 부른다. 어떤 기하학이 현실 세계에 적용되는가 하는 문제는 일면 관습의 문제이며 일면으로는 경험의 문제이다. 아인슈타인은 공간을 비유클리드 기하학에 속한다고 가정하는 것이 편리하다고 생각했다. (그러나 이는 위에서 고찰한 비유클리드 모델과는 다른 모델이다.)

유머와 수학, 그리고 컴퓨터에서 중시되는 연산―특히 반복 연산―

에 대하여 간단히 논의한 후 이 장을 마치려 한다. 앞의 정수에 1을 더하기와 같은 계산은 아마도 가장 단순하면서 가장 중요한 예일 것이다.

$$1, \ 2=1+1, \ 3=2+1, \ 4=3+1, \cdots$$

위대한 프랑스의 수학자 푸앵카레는 자연수(1, 2, 3 …) 와 그에 대한 반복을 모든 수학의 근본으로 간주했다. 유머와의 관련성을 논하기 전에 수학(동시에 컴퓨터)에서 반복을 이용하는 몇 가지 보기를 살펴보자. 이 예들의 상세한 부분들은 그 다음에 이어지는 이야기에 꼭 필요하기 때문이다.

덧셈과 곱셈은 일련의 반복 절차에 의한 계산(1 더하기)이라는 관점에서 정의할 수 있다. 따라서 y를 x에 더하려면 그저 x에다 y 앞의 수를 더한 합에 1을 더하면 된다. 하지만 x에다 y의 앞에 있는 수의 합을 발견하려면 y의 앞에 있는 수의 그 앞에 있는 수와 x와의 합에 1을 더하는 일이 필요하다. 이 과정은 앞에 있는 수가 0이 될 때까지 계속된다. x와 0의 합계는 x이기 때문이다. 예를 들어 5에 4를 더하는 방식은 다음과 같이 요약할 수 있다.

$$5+4=(5+3)+1$$
$$5+3=(5+2)+1$$
$$5+2=(5+1)+1$$
$$5+1=(5+0)+1$$

따라서 $5+4=(((((5+0)+1)+1)+1)+1)$이다.

같은 방식으로 x에 y를 곱하려면, x에 y의 앞에 있는 수를 곱한 값에다 x를 더하면 된다. 하지만 x를 y의 앞에 있는 수로 곱하기 위해서는 x를 y의 앞의 앞에 있는 수로 곱하고 나서 x를 더해야 한다. 이 과정도 0에 이르기까지 계속된다. x 곱하기 0은 0이기 때문이다. 예를 들어, 5에 4를 곱하는 방식은 다음의 등식들로 요약할 수 있다.

$$5\times4=(5\times3)+5$$
$$5\times3=(5\times2)+5$$
$$5\times2=(5\times1)+5$$
$$5\times1=(5\times0)+5$$

따라서 $5\times4=(((((5\times0)+5)+5)+5)+5)$이다. 덧셈을 반복에 의한

계산이라는 관점에서 정의하고, 곱셈을 반복에 의한 덧셈이라는 관점에서 정의하기 때문에 곱셈도 역시 반복에 의한 계산이라는 관점에서 정의하는 것이다. 이러한 종류의 고찰과 그외의 다른 고찰들이 위에서 말한 푸앵카레의 진술을 그럴듯하게 해준다. [상당히 더 그럴듯한, 푸앵카레 진술의 변형인 처치의 정리*가 있다. 상세한 것을 알려면 로저Rogers (1967)를 보라.]

약간 다른 기하학의 한 예가 이 방식이 갖는 위력의 한 부분을 보여준다. 문제는 한 곡선이 주어진 선과 어디에서 교차하는가 하는 것인데, 연

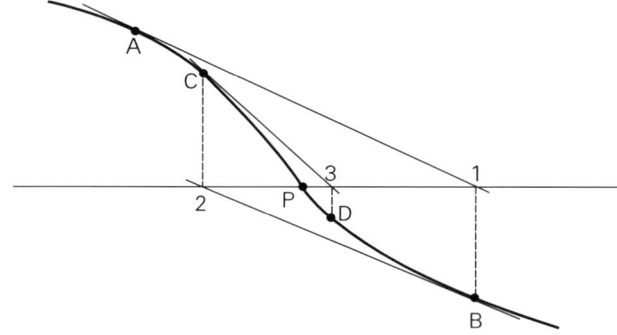

그림 13

---

*Church's thesis는 Church's theorem이라고도 하는데 20세기 미국의 논리학자 Alonzo Church가 발표한 것으로, 연산 과정은 그 연산 법칙에 따라 형성된 명제의 무모순성을 결정하기 위해 사용할 수 없다는 정리이다.—옮긴이

속되는 근접 반복에 의한 해답의 근원지는 뉴턴이다. 점 P에서 선 l과 교차하는 아래의 곡선에 대해 생각해 보자.(그림 13)

곡선 위에 임의의 점 A를 선택하고 그 점에서 곡선의 접선을 그으면 점 1에서 선 l과 교차한다. 그리고 그 곡선을 향해 점 1에서 직선과의 수직선을 그어 곡선과의 교점을 점 B로 정한다. 이를 반복하여 점 B에서 곡선의 접선을 그으면 점 2에서 교차한다. 점 2에서 직선과의 수직선을 그어 곡선과의 교점 C를 정한다. 다시 되풀이하면 점 P에 세 번째로 근접하는 점 3이 나온다. 이 과정을 계속함으로써 점 P에 우리가 원하는 만큼 가까이 접근할 수가 있다.

우리의 마지막 보기는 5장에서 필요한 개념인 수학의 함수 개념과 관계가 있다. 수학의 함수란 대응되는 두 원소(우리의 경우에는 수를 말한다)들 간의 규칙이다. 그러므로 $f(x) = 2x$는 임의의 수 x를 그 두 배의 수, 즉 $2x$와 대응시키는 규칙이다. 따라서 함수 f는 3을 6에, $4\frac{1}{4}$을 $8\frac{1}{2}$에 대에 대응시킨다. 이를 $f(3) = 6$, $f(4\frac{1}{4}) = 8\frac{1}{2}$로 나타낸다. 이와 마찬가지로 $g(x) = 3x^2 - 1$는 임의의 수 x를 그 수의 제곱의 3배한 수에서 1을 뺀 수에 대응시킨다. 따라서 $g(2) = 11$이고 $g(3) = 26$이 된다. 이런 식으로 $h(x) = x^2 + x = 6$이면 $h(1) = 8$이고 $h(3) = 18$이 된다.

함수(규칙)는 되풀이될 수 있으며, 이 작업을 함수의 합성이라고 부르는 데 수학에서는 매우 흔한 일이다. 예로 들어보자. $g(x)=3x^2-1$일 때 1의 함수값은 즉, $g(1)=2$이다. 또한 $g(2)=11$이다. 또한 $g(11)=362$이다. 또 $p(x)=x^2$이라고 생각하고 첫 수를 1/2로 하라. 그러면 $p(1/2)=1/4$, $p(1/4)=1/16$, $p(1/16)=1/256$이다. 함수의 반복은 종종 흥미롭게 기하학적으로 또는 물리학적으로 해석되는 경우가 있다.

우리가 5장에서 필요로 할 함수는 세 수로 구성된 순서쌍들 사이의 대응 규칙을 만드는 것이며, 더 정확히 말하면 어떤 한 쌍의 수와 제3의 수를 대응시키는 규칙이다. 예를 들어 $z=f(x, y)=x+y$는 어떠한 한 쌍의 수와 다른 수, 즉 이들의 합을 대응시키는 규칙이다. 따라서, $f(6, 5)=11$이고 $f(2, -5\frac{1}{2})=-3\frac{1}{2}$이다 그리고 $z=g(x, y)=x^2y-yx^3$는 첫째 수 제곱 곱하기 둘째 수 마이너스 둘째 수 곱하기 첫째 수의 세제곱이 되는 어떤 수에 대응시키는 규칙이다. 따라서 $g(2, 3)=2^2\times3-3\times2^3=-12$이고 $g(1, 5)=1^2\times5-5\times1^3=0$이다.

마지막으로, 과연 반복은 유머와 무슨 관계가 있는가? 이 연산은 여러 농담과 유머러스한 상황에서 하나의 중요한 요인이다. 그것은 어떤 공식이나 특정 연산 장치를 기계적으로 반복해서 실행하는 것으로, 베르그송이 글에 썼듯이 반복적, 기계적 행동은 그것들이 인간의 유연함과 정신성이라는 특질에 위배되기 때문에 유머의 본질이 되는 것이다. 사실상 손가

락 인형과 도깨비 상자 등은 베르그송이 유머러스한 경직성(인간이나 인간과 닮은 동물들이 보여주는 규칙에 의해 지배되는 행동)의 주요한 예로 인용한 것들이다. 어리석은 바보나 소수 민족인이 어떤 규칙이나 부적절한 관습을 반복하여 맹목적으로 따르는, 어리석은 바보나 소수 민족과 관련된 농담은 또 다른 예들이다.

좀더 일반적으로 말하면 인물 특성이나 틀에 박힌 태도를 반복적으로 보여주는 것이 종종 희극적 인물의 주요 특성이라는 것은 잘 알려져 있는 사실이다. 과장된 허풍장이 같은 어떠한 멍청이 유형은 아리스토파네스로 거슬러 올라간다. 베니Jack Benny의 천박함, 필드W.C. Field의 인간 혐오, 찰리 채플린의 걸음걸이 등도 같은 현상에 대한 현대판 예들이다. 사실 가장 유명한 코미디언들은 어느 정도 스타일이 정해지고, 반복되고 예측 가능한 등장인물을 계발한다.

코미디언들뿐 아니라 코미디도 그들 유머의 어느 부분을 반복에 의존하고 있다. 비평가인 프라이Northrop Frye는 비극적 사건조차도 반복적으로 행해지면 우스워진다는 견해를 피력했다. 가령 홍역으로 자식을 잃은 부모의 슬픔과 고통은 정말 비극적이다. 그러나 만일 연극에서 7년 동안 해마다 일곱 자식이 한 명씩 홍역으로 죽는 것과 그에 따르는 부모의 슬픔을 묘사한다면, 그 비극은 곧 (별 볼일 없는 종류의) 코미디로 바뀔 것이다. 이와 비슷한 현상을 연재만화에서도 찾을 수 있는데, 매일매일의 반복을 거치면서 먹보, 저능아, 잔소리꾼으로서 아이덴티티를 형성한 후에야 진짜로 웃음을 주는 장면은 그리 낯설지 않다. 텔레비전 시추에이션 코미디 또한, 되풀이됨으로써 주요 등장인물들의 기행에 익숙해져야 일반 시청자들은 비로소 웃으면서 이를 감상할 수가 있다.

그러한 반복을 가능케 하는 장치들은 매우 다양한데, 셰익스피어에서 닐 사이먼Neil Simon에 이르기까지의 코미디를 대강 알기만 해도 이를 쉽게 알아볼 수가 있다. 사람을 잘못 알아보는 것이나 역할이 뒤바뀌게 하여 그 결과 부조리가 되풀이 되도록 하는 작업은 희곡작가(혹은 일반적인 작가)가 이용하는 흔한 예다. 이런 식으로 등장인물을 낯선 나라나 낯선 문화 속에 투입시킴으로써 작가는 그 상황을 반복하여 이용하는 것이다. 물론 다른 요인들도 관련이 있지만 단순 반복은 코미디에서 매우 중요한 요소이다.

많은 농담들에서 강조를 위해 혹은 적절한 리듬을 세우기 위해 반복을 이용한다. 그러나 어떤 종류의 농담들에서는 반복이 더 중요한 역할을 한다. '말하는 사람은 신나지만 듣는 사람은 지루한shaggy-dog' 이야기는 끝없이 질질 끌어가는 이야기이다. 무수한 일화들—그 모두가 똑같이 보통의 일상적인 것—이 그 안에 포함되는 데 마지막은 생동감 없는 불합

그림 14

리한 추론의 펀치라인으로 끝맺음하게 된다. 이는 어린이들에게 인기가 있는데, 어린이들은 화자가 이야기를 끝마칠 때에 종종 불쑥 말참견을 하기도 한다.

반복의 요소는 어린 아이들의 놀이에서도 분명하게 발견된다. 분명히 놀이는, (펀치 라인이 없으므로) 보통 유머라고 부르지는 않지만, 유머와 밀접하게 관련되어 있다. 까꿍놀이, 술래잡기, 줄넘기, 숨바꼭질 등의 놀이가 모두 되풀이되는 간단한 규칙을 포함하는 것이라고 사이먼Simon은 말한다.

반복은 종종 그림 14에서처럼 어떤 형태의 자기 모순과 결합된다. 자기모순(그리고 여기에서 발생하는 패러독스)은 다음 장의 중심 주제가 될 것이다.

03 《 자기모순과 패러독스

자기모순이라는 개념은 넓은 범위의 여러 농담과 몇몇 유명한 패러독스, 또 수학적 논리에서의 여러 정리의 근간을 이루며 전반적으로 유머를 이해하는 데 결정적인 역할을 한다. 하나의 고전적인 패러독스를 고찰함으로써 이 장을 시작하려 한다. 그 패러독스는 크레타 섬사람인 에피메데스Epimenides와 관계 있는 것으로 "모든 크레타 섬사람은 다 거짓말쟁이다"라는 명제이다. (이 장의 제목인 자기모순self-reference은 여기에서 나온 것이다.) 그 명제를 "나는 거짓말쟁이다." 또는 좀더 개작하여 "이 문장은 거짓이다."로 단순화시키면 이 패러독스의 핵심이 더 분명해진다.

　"이 문장은 거짓이다."라는 문장을 Q라고 하자. Q가 참이면 그의 진술에 따라 Q 자체는 분명히 거짓이 된다. 반대로 만일 Q가 거짓이면 그 진술은 다시 참이 되고 그러면 결국 Q는 참이 되어야 한다. 따라서 Q는 거짓이면 참이고 또한 동시에 참이면 다시 거짓이 될 수밖에 없다.

이와는 조금 다르면서 관계 있는 패러독스가 세빌리아의 이발사에 관한 것이다. 세빌리아의 유일한 이발사는 법에 의해 다음과 같은 명령을 받았다. 스스로 이발하지 않는 사람들만 이발을 하라는 명령이다. 이 명령의 패러독스적 특성은 누가 이 이발사를 이발하느냐는 질문을 던질 때 분명해진다. 그가 스스로 이발한다면 그것은 법으로 금지되어 있다. 그 반대로 그가 스스로 이발하지 않는다면 법에 따라 그 자신이 이발해야만 한다. 종종 이 패러독스를 논할 때 그 이발사가 아홉 살이라는 조건은 문제를 어렵게 하기 위해 만든 쓸데없는 속임수에 지나지 않다.

이 패러독스의 또 다른 변형(여러 가지가 있지만)은 어떤 나라 도시들의 시장들에 관한 것이다. 그 시장들 중 일부는 자기들이 관할하는 시에 거주하고 있고 일부는 그렇지 않다. 그래서 자기 시에 거주하지 않는 시장 모두를 한곳에 살도록 하여 그 지역을 새로운 도시(그곳을 C시라고 부르자)로 정하는 법이 통과되었다. 이제 C시를 관할하는 새로운 시장이 필요하다. 그렇다면 C시의 시장은 어디에 거주해야 하나?

이러한 패러독스적인 명제들과 '이중 구속double bind' 상황은 밀접한 관계가 있다. "자발적으로 행동하라"는 명제가 그러한 상황을 만들어내는 가장 단순한 명제이다. 하지만 서로 모순되는 행동을 요구하는 대부분의 상황은 다소 위장된 것이고 그래서 더 많은 함정이 있다. 사실 철학자 크립케Saul Kripke(1975)는 둘 혹은 그 이상의 비패러독스적 문장들이 한데 묶이면 거짓말쟁이 패러독스 혹은 이중 구속을 낳을 수 있음을 발견하였다. 정신과 의사인 래닝R. D. Laing(1970)은 이 패러독스적인 상황에서의 행동 결과에 관한 흥미로운 연구를 수행하는 데 가장 뛰어난 사람이었다.

그러나 패러독스에 관한 더욱 심도 있는 논의로 돌아가기에 앞서 자기 모순의 형태를 갖춘 몇 가지 유머러스한 예들을 살펴보기로 하자. 어떤 명제의 내용이 그 형식이나 표현 방식과 일치하지 않을 때 농담의 형태를 갖춘다. 다시 말해서 어떤 명제의 표현 양식이 그 내용을 잘못 전하고 그래서 생긴 부조화 때문에 익살맞을 때가 종종 있다.

"장래 계획을 세우시오."라는 글이 새겨진 명패들이 꽉 들어 있는 책상, "정신 건강을 유지하라, 그렇지 않으면 죽여버리겠다."라는 메시지 혹은 "긴장을 푸시오."라는 신경질적인 외침 등이 있다.

이런 타입의 유머는 실제로 매우 퍼져 있다. 거의 모든 종류의 예술작품을 그 내용과 모순되게 만듦으로써 익살스럽게 만들어낼 수 있다. 〈For He's a Jolly Gold Fellow〉와 같은 포크송을 (말러Mahler의 작품 같은) 교향악 형식으로 또는 〈나비 부인〉을 록 형식으로 변형시킨 작품 등이 어떤 의미에서 농담의 형태를 갖춘 작품들이다. 미국 방송에 등장하는

그림 15

* 문맹자를 위한 교육 실시, 자세한 안내는 632-8641로

각 지역의 기상 보도의 서사시적 묘사나 만화판 〈바람과 함께 사라지다〉
등도 그에 해당된다.

　물론 농담의 형태를 갖춘 것들도 단순한 아이러니와 많은 공통점을
가지고 있는데 그 중 내가 애용하는 예가 다음 이야기이다.

　여기에서 이름을 밝히지는 않겠지만 한 유명한 철학자가 언어학에 관
한 강연을 하다가 어떤 언어들에서 이중 부정 구문이 긍정의 의미를 갖고
있으며 어떤 언어들에서는 (매우) 부정적인 의미를 갖는다고 진술했다.
그는 계속해서, 그러나 이중 긍정 구문이 부정의 의미를 갖고 있는 경우
는 어떤 언어에서도 찾아볼 수 없다고 말했다. 그러자 강의실의 뒤에 앉
아 있던 다른 유명한 철학자가 "그럼 그렇지, 그럼 그렇지"하는 야유 섞
인 반응을 보였다.

　농담의 형식을 갖춘 것과 관계 있는 것으로 러셀Russell식 농담이 있는
데 그 논리적 토대가 러셀의 패러독스를 변형한 것 또는 이를 전환한 것
(곧 이어서 다룰 주제)이다. 이 농담에는 반복과 자기모순이 들어 있다. 자
기 삶의 모든 면에서 의식적으로 지나침이 없도록 절제하던 사람이 어느
날 갑자기 스스로가 그 절제를 너무나도 지나치게 해왔음을 깨닫는 경우

그림 16

처럼 신경증 환자가 걱정거리가 없음을 걱정하고 있는 것이 한 예이다. 유사한 예들로 다음의 주고받는 대화나 그림 16에서처럼 "권태로움 그 자체에 권태를 느끼는", "싫증난 상태 그 자체가 싫증이 나는", "근심거리 가 많은 나 자신을 근심하는" 것과 같은 구절들이 똑같은 현상을 분명히 보여준다.

청년: "왜 철학자들은 그토록 많은 질문을 합니까?"
노 철학자: "왜 철학자들이 그토록 많은 질문을 해서는 안 되나?"

러셀의 패러독스는 집합론식의 표현으로 진술되는데 그것은 이발사 와 시장에 관한 패러독스를 추상적으로 변형한 것이다. 집합이란, 그것이 어떤 종류든 어떤 개체들의 모임이다. 따라서 집합들의 예는 (1) 1977년 가을 학기에 재직 중인 서울대학교 교수들의 집합, (2) 소수素數의 집합 (3) 1961년 7월 8일 나이로비에 있는 캔털루프(멜론의 일종—옮긴이)의 집합 (4) 정의역과 공역이 정수인 함수들의 집합 등이다. 1977년 당시 서울대 총장은 집합 (1)의 원소이고 6은 집합 (2)의 원소가 아니고 수박 은 집합 (3)의 원소가 아니며, 정수의 집합이 정의역과 공역인 함수 $f(x) = 2x$는 집합 (4)의 원소이다.

집합론은 기발한 주장과 놀라운 반증들로 가득 찬 수학의 아름다운 한 분야이며 수학과 수학의 기초에 관심 있는 사람이라면 이를 섭렵해야만 한다. 그러나 러셀의 패러독스를 이해하기 위해서는 다음과 같은 몇몇 초보적인 정의와 기호만 알면 충분하다.

$x \in y$는 x가 집합 y의 원소라는 뜻이다 y가 유엔 가입국들의 집합이고 x가 브라질이라면 $x \in y$이다.

$x \notin y$는 x는 집합 y의 원소가 아니라는 뜻이다.

$x \subset y$는 x가 y의 부분 집합이라는 뜻이다. 다시 말하면 x의 모든 원소는 y의 원소가 된다는 것이다. y가 유엔 가입국들의 집합이고 x가 북미 국가들의 집합이라면 $x \subset y$이다. 만일 x가 y의 부분집합이 아니라면 $x \not\subset y$라고 쓴다.

집합에서 사용하는 세 가지 기본적 연산이 있다. $x \cap y$는 x에도 속하고 y에도 속하는 원소로 된 집합을 일컫는 것이고 'x와 y의 교집합'이라고 읽는다.

$x \cup y$는 그 원소가 x 또는 y에 또는 x와 y 둘 다에 속하는 집합을 일컫는다. 그리고 'x와 y의 합집합'이라고 읽는다.

$\bar{x}$는 x에 속하지 않는 원소로 된 집합을 일컫는다. x의 여집합이라고 읽는다.

대체로 $\bar{x}$ 는 x 에는 속하지 않지만 그와 관계 있는 다른 집합에 속해 있는 원소들로 구성된다.

집합은 종종 원소들의 목록을 괄호 안에 넣음으로써 표시한다. 따라서 $x=$ {셀리아, 리, 다니엘}은 셀리아, 리, 다니엘이라는 세 개의 원소를 가진 집합이다.

실례로 $x=$ {2, 4, 5, 7, 8}이고 $y=$ {1, 2, 4, 7, 9}라고 하자. 그렇다면 $x \cap y=$ {2, 4, 7}이고 $x \cup y=$ {1, 2, 4, 5, 7, 8, 9}이고 $\bar{x}$ 는 x 에 속하지 않는 원소들의 집합이다. 따라서 $3 \in \bar{x}$ 이고 $41,283 \in \bar{x}$ 이고 마크 트웨인 $\in \bar{x}$ 이다. 이런 맥락에서 보면 $\bar{x}$ 를 x 에는 속하지 않지만 $z=$ {1, 2, 3, 4, 5, 6, 7, 8, 9, 10}에는 속하는 원소로 된 집합으로 간주하는 것이 더 자연스럽다. 이 경우에는= {1, 3, 6, 9, 10}이다. 마지막으로 우리가 q 를 $q=$ {2, 4, 9}로 정의하면 $q \subset y$ 가 된다.

러셀의 패러독스로 돌아가보자. 이를 위해서 우리는 자신을 원소로 포함하는 집합이 필요하다($x \in x$ 로 표시된다)는 사실을 주목하게 된다. 이 페이지에 언급된 모든 것의 집합은 이 페이지에 언급되어 있고 따라서 스스로를 포함한다. 마찬가지로 일곱 개 이상의 원소로 된 모든 그런 집합들의 집합은 그 자체가 일곱 개 이상의 원소를 포함하고 있고 따라서 그 자신의 원소가 되는 것이다. 그러나 대부분의 집합들은 자기 자신을 원소로 포함하지 않는다($x \not\in x$라고 표시한다). 1977년 5월 6일에 내 머리에 났던 머리카락의 집합은 그 자체가 머리카락이 아니므로 자기 자신의 원소가 아니다. 마찬가지로 홀수의 집합 자체는 홀수가 아니며 따라서 스스로를 원소로 포함하지는 않는다.

모든 집합들의 집합을 서로 겹치지 않는 두 개의 집합으로 나눈다면 스스로를 원소로 포함하는 그런 모든 집합들의 집합인 M과 스스로를 원소로 포함하지 않는 그런 모든 집합들의 집합인 N으로 표시해보자. 즉 임의의 집합 x에 대하여 $x \in M$이면 $x \in x$이고 역으로 $x \in x$이면 $x \in M$이 된다. 그와는 반대로 임의의 집합 x에 대하여 $x \in N$이면 $x \not\in x$이고 반대로 $x \not\in x$이면 $x \in N$이 된다. 자, 이제 N이 스스로의 원소인지 아닌지를 물어볼 수 있을 것이다.(이 질문을 "누가 그 이발사를 이발할 것인가?"와 "C시의 시장은 어디서 살 것인가?"와 비교해보라.) 만일 $N \in N$이면 정의에 의하여 $N \not\in N$이 된다. 그러나 $N \not\in N$이면 정의에 의하여 $N \in N$이 된다. 그러므로 N은 스스로의 원소가 되지 않는다면 또 오직 그렇다면 그때야 스스로의 원소가 된다. 러셀의 모순은 이와 같은 모순에 의해 구성된다.

이 패러독스는, 집합의 개념을 이미 존재하고 있는 집합들의 잘 정의된 모임으로 제한하여 해결할 수가 있다. 받아들여진 집합론의 원리들에 형식을 부여하고 M이나 N 같은 소위 '나쁜' 집합들을 제외시키는 (희망

하건대) 공리적 집합론이 발달되었다. 러셀은 그의 유명한 유형 이론 (1910)에서 집합들을 그 유형이나 수준에 따라 분류하였다. 최하위 수준인 제1유형의 집합에는 원소 하나 하나가 존재한다. 그 다음 수준인 제2유형의 집합은 제1유형의 집합들을 원소로 하는 집합이다. 그 다음 수준인 제3유형의 집합은 제1유형의 집합들이나 제2유형의 집합들을 원소로 하는 집합이고 계속 이런 식으로 된다. 제n유형 집합들의 원소들은 ($n-1$)유형이나 더 하위 유형들의 집합들이다. 이런 방식으로 정의하면 러셀의 패러독스는 피할 수 있게 된다. 왜냐하면 어떤 집합은 단지 더 상위 유형 집합의 구성 요소일 수 있는 것이지 그 자체의 구성 요소일 수는 없기 때문이다. 따라서 어떤 집합이 그 자신의 구성 요소가 되는 ($x \in x$) M과 같은 집합의 정의는 배제된다.

내가 말하고 싶은 것은, 러셀과 화이트헤드가 유형 이론을 구축한 이유가 패러독스를 막기 위해서뿐 아니라(어떤 사람들은 그 패러독스를 좋아한다) 더욱 중요한 것은 수학 전반에 대한 공리적 토대를 제공하기 위한 의도라는 사실이다. 그들은 모든 수학을 유형 이론 속에서 구체화한 그대로의 논리(위에서와 같이 서열이 분명한 집합 개념을 가진 논리)로 바꾸어놓는 데 성공했다.

패러독스에 대한 러셀의 해명에서 우리는 다시 한 번 수준 개념에 이르게 됨을 주목하라. 우리는 이미 2장에서 형식 체계 내에서의 대상 수준의 명제들과 형식 체계에 관한 메타 수준의 명제들 간의 차이를 논했다. 러셀과 화이트헤드의 유형 이론에서는 형식 체계 그 자체 내와 우리가 그 안에서 대상 수준(유형들)의 모든 것에 관하여 이야기했던 메타 수준 내에 서로 다른 수준들이 존재한다.

크레타 인의 패러독스에다가 유형이론을 적용하려면 "크레타 인은 모두 다 거짓말쟁이다."라는 명제를 크레타 인들에 대한 다른 명제들의 수준보다 더 상위 수준의 유형으로 보는 것이 필요하다. 우리는 제1 수준의 명제—이들은 다른 명제들과는 무관하다—, 제2 수준의 명제—제1 수준의 명제들과 관계 있다—, 제3 수준의 명제들—제2 수준의 명제들과 관계 있다—, …… 등 이들 간의 차이를 구분해야만 한다. 따라서 만일 크레타 인인 에피메니데스Epimenides가 크레타 인의 모든 진술이 거짓이라고 말한다면, 이는 그 자체에 적용되는 것이 아닌 오직 제1 수준의 명제에만 적용되는 제2 수준의 명제를 말한 것으로 이해해야만 한다. 또는 그의 제2 수준의 명제가 모두 거짓이라는 주장을 할 수도 있다. 이 주장은 다시 제3 수준의 명제가 되어 그 자체에는 적용되지 않는다. 이와 같은 방식으로 크레타 인 패러독스의 자기모순을 예방할 수가 있다. 더 일반적으로 말해서 참에 대한 전체적인 개념에 있어 수준별로 구조가 만들어진다. 즉 제1수준의 명제에 대한 참$_1$, 제2수준의 명제에 대한 참$_2$ 등에 대한 것들이다. 참에 대한 이와 같은 개념은 논리학자인 타르스키^{Alfred} ^{Tarski}(1936)에 의해 폭 넓게 전개되었다.

우리가 러셀의 농담에서 보아왔던 것처럼 참에 대한 이와 같은 수준 구조는 종종 유머에서도 이용된다. 코미디언들 사이에 흔한, 실패한 농담에 관한 논평(메타 수준의 농담이라 할 수 있다)을 하면서 그것으로부터 때때로 새로운 농담을 발굴해내는 관행을 주목하라. 더 일반적으로 말하면 스스로를 깎아내리는 표현을 할 수 있는 능력은 자기 자신(의 일부분)을 좀더 중립적인 (메타 수준과 같은) 유리한 시각에서 바라볼 수 있어야 가능하기 때문이다.

현대 문학과 영화에서 대상 수준과 메타 수준이 서로 교차하는 경우가 점점 흔해지고 있다. 예를 들어 멜 브룩스$^{Mel Brooks}$와 우디 앨런^{Woody} ^{Allen}의 영화에서 등장인물들은 진행되는 이야기 밖으로 걸어나와서, 전개되는 이야기에 관하여 논평을 하기도 하며 메타 수준(심지어는 메타-메타 수준이나 그 이상에서)에서 상호 영향을 발휘하고는 다시 이야기 속으로 들어가는 장면들을 여러 번 목격할 수가 있다. 최근의 그러한 관행이 더욱 빈번하게 발생하는 것은 자의식이 높아지며 추상성과 패러독스에 대한 선호가 동시에 높아지는 추세 때문이기도 하지만 그럼에도 불구하고 사실상 이는 매우 오래 전부터 사용되었던 아이디어다. 고대 그리스 극장에서의 코러스(중세 시대, 셰익스피어 등등 걸쳐 내려오는 다양한 그 후속물 또는 파생물과 더불어)는 그 연극에 대한 대상 수준에서 또한 필수적인 역할을 했던 일종의 제도화된 해설자(메타 수준의)였다.(우리의 신파극이나 무성 영화에서 변사의 역할이 이에 해당된다.―옮긴이)

수준들 간의 복합적인 상호 작용은 많은 농담과 유머러스한 상황에서 어떤 역할을 하는지 분명하게 드러난다. 다음의 오래된 농담은 그 요인이 간단하고 독립되어 있으며 따라서 분명함을 보여주는 하나의 예이다.

한 농담가가 어떤 친구에게 다음과 같이 말했다. "방귀를 뀌려는 신부 이야기 들어봤어요? 신부가 식장 통로를 걸어 올라가다가 갑자기 자기 아버지에게 몸을 기울여 이렇게 속삭였어요. '아빠, 방귀가 곧 나오려 그래요. 더 이상 못 참겠어요. 어떻게 하죠?' 그러자 아빠는 '장미꽃 근처까지 갈 때까지 기다리거라.' 라고 말했다죠."

그때 그 농담가는 말을 중단하고 상대방에게 더 가까이 몸을 구부리면서 걱정되는 듯이 말한다.

"당신, 그 소리 들었어요? 당신, 그 소리 들었어요?"

상대방은 자기가 전에 그 농담을 들어본 적이 있는지를 물어본 줄 알고 아니라고 대답한다.

그러자 그 농담가는 "나도 못 들었어요. 나는 교회 뒤편에 앉아 있었거든요."

이 농담에는 두어 가지 재미있는 측면이 있는데 여기서 중요한 것은 상대방이 "당신, 그 소리 들었어요?"라는 말을 농담의 일부분인 대상 수준의 질문이 아니고 그 농담에 관한 메타 수준의 질문으로 오해하고 있다는 점이다.

지금까지는 수준이라는 단어를 오직 대상 수준과 메타 수준이라는 표현으로만 사용되어왔다. 이들과는 아무런 차이가 없지만 진술의 의미를 파악하는데 중요한 또 다른 의미의 수준도 물론 있다. 우리는 때때로 어떤 진술(혹은 질문이나 불쑥 꺼내는 말 등등)의 정서적 수준에 대해서도 이야기한다. 또는 시에서 때때로 다른 차원이나 다른 수준, 즉 소리나 리듬에 의해 그 내용이 강화되는 것에 관하여 이야기한다. 그리고 자주 등장하는 것으로는 어떤 이야기에 대하여 여러 수준이 있다고 말하는 경우이다. 보통 이 경우에는 메타 수준 또는 대상 수준뿐 아니라 더 동등한 종류의 수준들, 즉 소박한 이야기, 알레고리, 흥미로운 모험담, 어떤 것 혹은 누군가에 대한 응답 등등도 의미한다. 어떤 속성, 주어진 상황에 적절한 언어 유형 등등의 정도나 범위를 정하는 데 있어, 달리 형식에 구애되지 않고 수준이 사용된다.

이렇게 서로 다른 수준 개념들이 유머스러운 이야기에 그 깊이와 폭을 더해주기 위해 서로 연결되어 얽히고 상충될 수도 있다. 이들은 단순히 그 중요성에 따라 서열이 정해질 수 있는 것이 아니다. 어떤 한 의미의 수준이 다른 의미의 수준보다 항상 더 중요하다거나 어떤 특정한 의미의 수준이 주어질 때—가령 정서적 수준에 대해 말한다면—한 가지 정서적 상태가 다른 상태보다 늘 더 고상하다고 할 수 있음을 뜻하지는 않는다. 이러한 수준들을 서열화하는 것은 그것들 내에서 서열화하는 것만큼 매우 복잡하고 부분적이다.*

반복해서 말하지만, 유머는 그것이 형식적 장치들을 사용할 수 있다 해도 궁극적으로는 다양한 의미 '수준들' 사이의 상호작용에 대한 사람의 감수성에 의존한다. 그것은 매우 복잡한 기술이다. 다시 말해, 의미의 수준들을 구별해내고, 그것들의 관계를 인식하고, 그 문맥에 주어지는 상

---

* '부분적 서열화'로 알려진 수학적 구조는 내가 언급하고 있는 양립 불가의 개념을 포착한다. 직관적으로 평가해볼 때 부분적 서열화는 어떤 두 요소 중에 하나가 나머지보다 항상 더 중요한 것은 아닌 그런 서열 매김으로 된 임의의 쌍이다. 주어진 서열화에 관해서 말하자면 두 요소는 서로 비교가 불가능한 경우가 있다. 대부분의 인간의 흥미로운 속성—예를 들어, 아름다움, 지성, 혹은 부 등—이 총체적 서열화보다는 부분적 서열화의 견지에서 덜 축소되어 논의된다.

대적 중요성을 평가하고, 그러고 나서 거의 동시에 전체적인 인상을 형성하는 능력인 것이다. 유머의 가치를 인식하는 데는—그것을 알아차리는 것만 해도—인간이 가진 기술 중에서도 최고 순위(수준?)의 기술들이 필요하다. 어떤 컴퓨터도 이에 필적할 수는 없다.

언젠가 컴퓨터의 초기 주요 이론가였던 튜링A.M. Turing은 컴퓨터도 의식세계를 보유하고 있는가에 관한 질문은 너무 막연하여 대답할 수 없는 문제라고 잘라 말했다.(1950) 그는 그 질문을, 인간 스스로 컴퓨터가 아닌 다른 인간을 다루고 있다고 믿을 만큼 '속일 수 있을' 정도로 컴퓨터를 프로그램화할 수 있는지 여부를 묻는 더욱 구체적인 질문으로 대체할 것을 제안했다. 컴퓨터 모니터 뒤에 컴퓨터와 사람을 숨겨놓고 예/아니오 형식의 질문과 선택형 질문을 던졌을 때 나온 답이 컴퓨터에서 나왔는지 아니면 사람에게서 나왔는지를 판단할 수 있어야 한다.(이 질문은 우리가 여기에서 다룰 필요가 없는 여러 방식으로 다듬을 수가 있다.) 이 두 번째 질문은 우리가 현재 논의하고 있는 수준, 문맥 등등에 관하여 명료하게 답할 수 있을 것 같다. 어떤 컴퓨터도(분명 오늘날의 어떤 컴퓨터도) 자신의 비인간성을 위장할 수는 없기 때문이다. 이를 위해서는 컴퓨터에게 농담인지 아닌지를 분간할 수 있는지 (예 혹은 아니오로) 여러 선택 사항들을 주고 유머 있는 인용구를 고르도록 하는 문제를 내는 것으로 충분하다.

예를 들어 이 인용구들 중 하나가 자신의 머리를 만지는 사람에 대한 이야기라고 하자. 컴퓨터는―프로그램이 완벽하다고 하자.―이 동작에 담겨 있을 수 있는 유머를 어떻게 판단할 수 있을까 ? 손으로 머리를 만지는 것은 두통이 있음을 뜻할지도 모르고, 타자에게 신호를 보내고 있는 야구 코치일지도 모른다. 또는 태연하게 보임으로써 자신의 근심을 감추고 있는 사람일 수도 있고, 머리 장식품이 빠질까봐 걱정스럽기 때문에 하는 몸짓일 수도 있는 등 끊임없이 변화하는 상황에 따라 무한히 많은 다른 의미를 지닐 수 있다. 인간의 수많은 정서적, 사회적, 지적 측면에 의해 유머를 파악할 수는 있지만 컴퓨터 시뮬레이션에서는 이를 파악할 수가 없다.

화제를 바꾸어서, 형태론과 연결되는 그 구조들은 러셀의 집합론 패러독스를 더 이상 전개하는 것이 불가능하다는 사실을 기억하자. 그러나 크레타 인 패러독스와 다른 일상적 언어에서의 패러독스를 피하는 이 방식은 약간 부자연스러우며 보통의 어법에는 맞지 않는다. 일상적으로 참에 대한 개념은 수준에 따라 구별되지 않는다. 참은 참이지 참$_2$이거나 참$_{17}$이라고 할 수 없다. 크레타 인 패러독스에 대한 좀더 자연스런 접근으로 하나의 대안을 제시하면, 모든 명제는 거짓이거나 진실이어야 한다는 요구를 무시하는 것이다. 그럼으로써 우리는 패러독스적 문장들을 참도 아니고 거짓도 아닌, 또는 참과 거짓 모두 되는, 또는 일종의 감정을 표현하는 신호로 분류할 수 있다.

　참과 거짓, 주체와 객체, 외형과 내면과 같은 개념들이 과학적 사고에서뿐만 아니라 일상생활에서도 필수적이기는 하지만, 그럼에도 신비스럽고 드넓은 우주와의 합일에 이르는 작업에는 방해가 된다고 선禪 철학자들은 말하고 있다. 우주는 그저 존재하는 것이다. 크레타 인 패러독스와 같은 그러한 패러독스들은 참과 거짓에 대하여 우리가 가지고 있는 개념에 위배되는 것 같기 때문에 이러한 핵심적인 우주의 존재성is-ness을 상기시키는 것, 즉 이러한 구별들이 어떤 근본적인 의미에서 하찮음을 상기시키는 것이라는 생각을 할 수도 있다. 그것이 그렇다 하더라도(혹은 그렇지 않다 하더라도) "이 문장은 거짓이다."라는 패러독스적 문장이 자연스럽게 이해될 때는 (의미 없는 것으로 무시하거나, 수준이라는 관점에서 해석되거나 하지 않을 때) 일종의 정신적 혼란으로 이어진다. 만일 그것이 참이라면 그것은 거짓이다. 만일 그것이 거짓이라면 그것은 참이다. 만일 그것이 참이라면 그것은 거짓이다……. 내가 우려하는 것은 이러한 정신적 혼란이며(이는 5장에서 유머에 대한 카타스트로프 이론에 통합될 것이다), 패러독스를 이해하는 것이 유머를 이해하는 데에 중요한 까닭이기도 하다. 프라이W.F. Fry, Jr.(1963)와 베이트슨Gregory Bateson(1958)은 크레타 패러독스(그 변형)가 대부분의 유머러스한 상황(형태론적 농담이나 러셀식의 농담뿐만 아니라)에 은연중 깊이 스며들어 있음을 보여주었다. 정신의학자와 인류학자인 이들은 유머가 발생하는 사회적 맥락에 매우 예민하였다. 농담은 어느 책이나 잡지에 몇 줄로 나타난 그 이상의 것이다. 그것들은 프라이와 베이트슨이 명명한 '놀이 틀'에 의해 다른 종류의 사회적 상호작용과는 구별되는 독특한 형태의 사회적 상호작용이다. 농담으로 들린다는 사실은 어떤 종류의 메타 신호에 의해 일반적으로 암시되어진다. 이는 다른 억양을 띤 음성, 구부러진 눈썹이나 윙크, 사투리나 심각한 표정을 지으며 조롱하듯이 또는 다음과 같이 분명한 문장의 형식을 취하기도 한다. "~에 대하여 들어본 적 있나요?" 메타 신호는 농담의 통합적 요소이자 그것이 행해지는 질을 말한다. 이런 말이 있다. "이 모든 것이 비현실적이다." 이런 자기모순적 단서는 크레타 인의 패러독스에 등장한다. 만일 우리가 이 단서를 사실 그대로 심각하게(현실적인 것으로) 받아들인다면 이 명제가 나타내는 바에 의해 비현실적인 것이 된다. 만일 이를 사실 그대로 심각하게 받아들이지 않으면 이 명제가 뜻하는 바에 의해 현실적인 것이 된다. 따라서 농담을 할 때 사용하는 조롱 섞인 심각한 톤이나 사투리는 "이 상황이 비현실적이다."라고 말하는 것이다.

사실상 모든 예술에는 두 가지 측면이 있는데, 내용과 그 틀(상황)이라는 두 측면인데 바로 이 때문에 예술은 비예술과 구별되며 동시에 다음과 같이 자신에 대한 이야기를 하고 있는 셈이다. "이는 일상적인 종류의 대화가 아니다. 이것은 비현실적인 것이다." 이런 식으로 농담이 일어나는 상황 그 자체가 결국 농담 그 자체에 관계없이 패러독스적이다. 즉, 메타 수준의 단서(제스처, 어형의 변화, 사투리 등)는 그 자신의 패러독스적 유머를 농담의 펀치라인에 의해 발생하는 유머에 덧붙이고 있는 것이다. 물론 이것이 유머에만 특수하게 적용되는 것은 아니다. 예를 들어 "여기 상영되는 것은 실제가 아니다."라는 간판을 내건 극장에서도 같은 긴장 상태가 비슷한 방식으로 유지되는데, 그 표현에는 같은 종류의 자기모순적 패러독스를 포함한다. 이 (즐거운) 긴장은 메타 신호에 의해 시작되며, 농담의 펀치라인에 의해 형성되는 것 이상이고, 코메디언의 평상시 대본이 실제 연기만큼 재미있지 않은 이유의 일부분이기도 하다. 이 장을 마무리하면서 수학적 논리에 등장하는 유명한 이야기를 잠깐 언급하고자 한다. 그것은 괴델의 불확정성 (메타) 정리로 그 증명은 (비역설적 방식으로) 자기모순의 개념을 이용하고 있다. 그 정리는 기본적으로 주어진 어떤 공리체계(수론에 관한 몇 개의 공리를 포함하는)에는 그 체계(대상적 수준에서)에서 증명될 수 없는 명제가 반드시 있다는 주장이다. 즉 형식적 체계와는 독립적인 명제가 반드시 존재한다는 것이다. 그 결론은 수론의 어떤 형식화 또는 일반적으로 완벽한 수학이 있을 수 없다는 주장이다.(이는 공리체계에서 모든 참인 명제를 증명할 수 있다는 의미에서 그런 주장이 나온 것이다.) 수학자들 대다수가 수론에는 완벽한 공리 집합이 있어 그로부터 정수에 관한 명제들이 모두 참임을 증명할 수 있다고 생각하는데, 그것이 잘못이라는 것이다. 괴델의 정리는 메타 정리로 정수에 대한 형식적 체계 안에 있는 하나의 정리가 아니라 형식적 체계 전체에 관한 정리이다. 그 증명은 복잡하지만 교훈적이며 어떤 맛을 느끼게 해주기 때문에 대충 개략이나마 살펴볼 필요가 있다. 잠깐 기본적 수론에 대한 명제들을 포함하는 공리체계가 있다고 하자.(그 중에는 앞장에서 살펴보았던 덧셈과 곱셈에 대한 반복적인 정의도 들어 있다.) 그러면 이 공리 체계에 대한 어떤 메타 수준의 명제들이 수에 관한 대상 수준의 명제들로 코드화될 것이다. 이는 각 대상 수준의 명제에 일정한 코드 번호를 붙이면 해결된다. 비슷하게 대상 수준의 명제들에 대한 증명들에도 코드 번호를 할당한다. 이 코드 방식에 의해 수에 관한 대상 수준의 명제는 공리 체계에 대한 메타 수준의 명제나 또는 각 대상 수준의 명제를 표현하는 것으로 이해될 수 있다. 조심스럽고 현명하다면, 수에 관한 어떤 대상 수준의 명제가 그 자체로 증명될 수 없음을 메타 수준에서 발견할 수 있을 것이다. 즉, 참인 명제이면 증명이 불가능하고 증명 불가능하면 참인 그러한 명제 말이다. 공리들이 모두 참이고 그 체계가 일관성 있다는 사실에서 그러한 명제는 공리로부터 증명이 불가능하다는 결론을 얻을 수 있다. 즉, 공리로부터 독립적이라는 결론이다. 게다가 우리가 새로운 공리라고 하나의 명제를 추가한다고 하더라도 똑같은 증명을 새로운 공리체계에 적용할 수가 있으며 같은 방식으로 그것이 독립적임을 발견하게 된다.

　이 정리와 그에 대한 증명은 유머의 논리와 멀리 떨어져 있는 것처럼 보인다. 그러나 크레타 섬과 러셀의 패러독스 경우에서처럼 관련성이 그렇게 희박한 것만은 아니다. 어느 감방에서 죄수들이 어떤 숫자를 부를 때마다 동료들이 한바탕 웃음을 터뜨리는 것을 보고 신입 죄수 한 사람이 매우 의아해했다. 그러나 신입 죄수는 곧 그 숫자들이 각각 농담에 붙여진 번호이기 때문에 이를 다시 말로 반복할 필요가 없는 농담임을 알게 되었다. 재미있을 것 같다고 생각한 이 신입죄수는 "63" 하고 외쳤더니 이상하게도 갑자기 감방 전체가 침묵에 빠지고 말았다. 잠시 후 같은 방 죄수가, 농담도 그것이 어떻게 말해지느냐에 따라 농담이 되는 것이라고 친절하게 설명해주었다. (나는 이 메타 농담 그 자체에도 번호를 붙여야 된다고 생각한다.) 일반적으로 흔히 사람들은 코드화된 단어를 포함하는 진술—이 진술에 대한 화자의 태도(메티 수준의 감정)도 잘 표현하는 코드화된 단어—을 한다. 이 현상은 유머뿐만 아니라 정치, 문학, 광고 등에서도 관찰된다. 프로이트도 코드화되는 단어들을 기록으로 남겼지만, 그가 사용한 용어는 메타 수준을 지칭한다기보다는 '상징'이라는 더 통상적인 의미로 사용하였을 뿐이다. 마지막으로 괴델의 정리의 분위기를 유지하며 (상당히 느슨하게 하여) 다음과 같이 말할 수가 있다. 유머에 대하여 그 자체로서 재미있지 않고(높은 수준에서) 그에 따라 불완전하지 않은 어떤 이론적 설명도 있을 수 없다. 이제 난해한 주제를 마치고 다음 장에는 좀더 일반적인 종류의 말로 이어지는 유머―반전, 말바꾸기 등의 말장난―에 대하여 알아보자.

04 « 유머, 문법 그리고 철학

한 문장의 문법을 반전시키거나 바꾸어놓으면 종종 유머로 귀결되기도 한다. 나는 이런 따분한 종류의 유머를, 더 나은 적절한 용어가 없기 때문에 문법적인(결합적인) 유머라고 부른다. 별로 그렇게 심오한 것은 아니다. 단지 언어는 가변적이고 유연한 도구이기 때문에, 무한정으로 여러 번 결합하여 변형된 유머들을 만들어낼 수가 있다. 그러한 것들의 몇 가지(두음전환, 동음이의어 등의 말장난, 변형문법 등)를 논의하면서 사람들이 말장난을 들으면 왜 불평을 하는지에 대해 문제만 제기하고 답변은 하지 않은 채 더 심오한 종류의 유머에 대하여 알아보려 한다. 그 형태는 주어진 명제나 상황의 논리가 다른 것과 혼동을 일으키는 데서 나오는 몰이해로 나는 이를 철학적인 유머라고 부를 것이다. 그것은 오스트리아의 철학자인 루드비히 비트겐슈타인이 철학의 중대한 문제들은 모두 농담으로 구성될 수 있다고 말할 때 그가 마음속으로 생각하고 있던 것과 같은 종류의 것이다. 따라서 관련된 철학적인 관점을 이해한다면 농담을 '이해'하는 것이고, 농담을 이해한다면 관련된 철학적 관점도 이해하는 것이다.

우선 가장 단순하게 결합된 변형인 두음전환에 대하여 알아보자. 두음전환은 하나의 구나 문장에서 두 개 이상의 단어의 소리가 바뀌어질 때 일어난다. 예를 들면 "I've had tea many martoonis," "Time wounds all heels," ("sons of toil" 대신에) "tons of soil"과 같은 것들이다. 인류학자인 밀너G.B. Milner(1972)는 유명한 언어학자인 소쉬르*의 개념을 사용하여 두음전환(동음이의어 등의 말장난도 같은 경우이다)의 개념을 더욱 넓게 확장시켰다. 그러므로 어느 면에서 전체 모든 단어들의 교환이 일반화된 두음전환인 것이다. "A hangover : the wrath of grapes(숙취 : 포도들의 분노)" "alimony : bounty from the mutiny(별거 : 폭동의 하사품)"과 같은 예들이다.

이를 좀더 확장해보면 서로 어떤 관계에 놓여 있는 두 개의 물체나 사람들의 위치를 바꾸어놓는 반전도 일종의 일반화된 비언어적인 두음전환으로 생각할 수 있다. 예를 들어 그림 17처럼 버스 그림이 그려진 그레이

---

* 현대 언어학의 초안자 중의 한 사람인 소쉬르는 한 단어의 의미는 대부분 그 단어와 그 단어가 등장하는 문장 안에 있는 다른 단어들 사이의 대조에서 파생한다고 강조하였다.

그림 17

하운드 개의 그림이 관계의 반전이 된다.(그레이하운드 버스에 개 그림이 그려진 것과 같은 반전—옮긴이) 교도소를 순찰하는 죄수복을 입은 간수들과 교도소 안에서 양복을 입은 죄수들도 같은 맥락이다. 프로이트가 만들어 낸 오래된 농담도 또 하나의 좋은 예이다.

   루이 16세 때 왕실의 한 후작이 부인의 침실에 들어갔는데 주교의 팔에 자신의 아내가 안겨 있는 것을 발견했다. 그들을 바라보고 나서 그는 조용히 창문 쪽으로 걸어가 길가에 지나가는 사람들에게 축복을 내리는 몸짓을 했다. "뭐하시는 거예요?" 당황한 후작부인이 소리쳤다. "저분이 내 역할을 하고 있으니 나는 그의 역할을 하고 있는 거지." 후작은 대답했다.

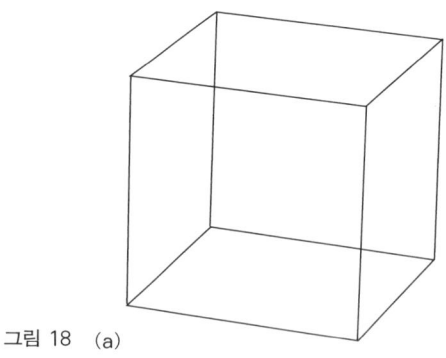

그림 18　(a)　　　　　　　　　　　　　　　(b)

　　물론 이와 같은 관계의 반전은 희극이나 신문의 재미있는 가십거리나 밤무대 나이트 클럽에서 농담을 시작할 때 공통적으로 쓰는 수법이다.

　　이러한 종류의 반전은 우리들에게 익숙한 관계와 익숙하지 않는 관계(그러므로 부조리한 관계)들을 짧은 순간에 즉각 연속해서 인지할 수 있도록 하기 때문에 종종 유머스럽게 다가온다. 이렇게 관계로부터 발생하는 반전의 개념은 자연스럽게 게슈탈트 심리학으로 이어진다. 게슈탈트 심리학은 인지의 전체론적 특징을 강조한다. 상황, 문제, 문장은 각각의 배경요소들이 어느 정도 걸러지면서 전체적인 형태로 인지된다. 그렇지만 어떤 잘 알려진 삽화들은 그 중심이 되는 내용과 그 배경을 그림을 보는 사람이 어떻게 보느냐에 따라 달라질 수가 있다. 그림 18에서 볼 수 있는 네커의 정육면체Necker cube(평면도형이면서 3차원적으로 입체감을 주는 도형)와 얼굴 · 항아리 그림이 그 두 가지 예이다.

　　관계의 전환은(어쩌면 일반적인 농담도) 주어진 상황과 그 반전이 빠르게 연속적으로 우리에게 보여지는 일종의 네커의 정육면체로 간주된다. 이 경우에는 서로가 반대로 다른 한편이 가지는 새로운 다른 의미를 매우 대조적으로 강조하고 있다. 이때 서로 다른 의미들이 부조리하고 감정적 분위기가 맞아떨어지면 이것이 유머로 귀결된다. 감정적 분위기가 설혹 맞아떨어지지 않는다 하더라도 1장의 수학적인 예에서 본 것처럼 이는 직관으로 연결된다.

유머의 인지적이고 지적인 측면을 강조하는 게슈탈트와 같은 심리학 이론은 단순한 맹목적인 경험주의나 행동주의자들의 이론보다 유머를 이해하는 데 더 많은 공을 남겼다고 본다. 그 이유는 단순하다. 유머는 인지적이고 지성적 요소를 내포하고 있기 때문이다. 더욱이 정의적이고 감정적인 요소조차도 행동주의 이론보다는 프로이트의 분석 또는 이와 유사한 일종의 '인간적인' 분석에 더 잘 맞아떨어진다.

심리학자인 술스Suls, 멕기McGhee, 술츠Shultz는 부조리의 이해에 중요한 역할을 담당하는 인지적 발달의 중요성을 인정하는 것 같은 연구논문들을 썼다. 아이들은, 관련된 지적 구조가 완성되어서야 비로소 일정한 형태의 농담을 이해할 수가 있다. 비슷하게 어른들도 농담에 포함된 부조리를 이해하고 나서야 비로소 웃을 수가 있다. 그러한 부조리의 이해는 복잡성, 자극 수준, 초점 등의 몇몇 요소들에 의존된다. 심리학자인 피아제의 연구는 유머와 직접적으로는 관련이 없더라도 인지와 함께 그 구조의 완성에 대한 기쁨을 강조하고 있다. 반면에 행동주의자*들은 보통 어

---

* 수학의 한 분야로, 수학은 한 장의 종이 위에 의미 없는 기호들의 조작으로 환원시킬 수 있다고 주장하는 형식주의자들은 어떤 의미에서 심리학의 행동주의 철학으로의 환원을 강조한다는 점에서 유사하다.

리석게도 기계적으로 정의된 변수들 사이의 통계적인 상호관계만 찾아내려는 연구를 진행하였다. 이는 인간의 의도, 상황적 맥락, 가치 등등을 무시하는 것이다. 비록 그 이론이 성공하더라도 얻어진 결론은 이론적인 틀을 담고있지 않기 때문에 결코 설명으로서의 가치를 지닐 수 없다.

아마도 문법적인 유머의 가장 흔한 변형 중에 하나는 말장난일 것이다. 단어와 구들은 대개 한 가지 이유나 또 다른 이유에서 '함께 속하는' 단어들의 결합으로 분류된다. 말장난은 각각의 다른 의미를 가지고 있는 단어나 구를 통해서 두 개나 그 이상의 결합 사이에 연결을 제공한다. 대개 이것은 동음이의어를 사용함으로써 완성된다.

다음 두 개의 말장난을 생각해보자.

"Colds can be positive or negative. sometimes the <u>ayes</u> have it, sometimes the <u>noes</u>."

〔감기는 긍정적일 수도, 부정적일 수도 있다. 때로는 찬성(eye와 동음이의어) 쪽에 때로는 반대(nose와 동음이의어) 쪽에 선다.〕

질문자: "Do you consider <u>clubs</u> appropriate for small children?"

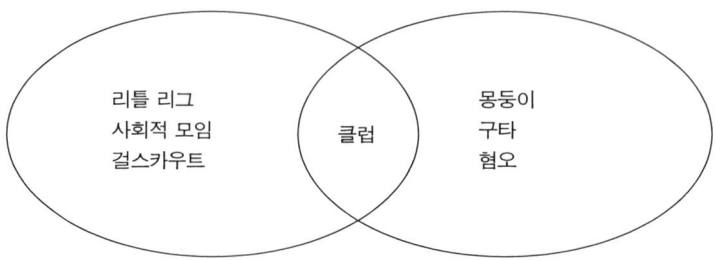

그림 19

〔클럽(몽둥이와 모임의 이중적 의미)이 어린아이에게 적절하다고 생각합니까?〕

"Only when kindness fails."

(순종하지 않을 때에는 그렇소.)

처음 예에 나오는 'ayes' 와 'noes' 는 국회에서 사용되는 규칙과 감기의 증상과 관련된 결합단어 사이에 연결을 제공하고 있다. 두 번째 예에서는 이것이 더 우스운데(아마도 더 적극적, 공격적이기 때문에) 'clubs' 는 리틀 리그나 걸스카우트 같은 사회적 모임을 의미할 수도 있고, 때리는 것과 같은 폭력적인 도구를 의미할 수도 있다.

관계의 반전에서처럼 말장난은 두 개의 부조화하고 전혀 관계없는 생각을 빠르게 연속적으로 인지할 것을 요구한다. 유머의 많은 부분에서처럼 깜짝쇼는 매우 중요한 요소이다. 일반적으로 유머까지 포함시켜 말장난을 설명하려는 시도 결국 그 효과를 상쇄하게 마련이다. 이는 다음 장에서의 농담과 유머에 대한 나의 모델을 통해서 부분적으로 설명할 것이다.

말장난을 인지하는 간편한 방법은 어떤 두 집합의 교집합을 통해서이다. 말장난은 두 개 또는 그 이상의 구별되는 담화 전체 속에 속하는 단어나 구이므로 자연히 둘 다 의식 속에 자리잡는다. 이때 유머의 발생은 서로 깜짝 놀라게 하는 연관된 생각들의 부적절하고 부조화스러운 것에서 비롯된다. 그러므로 위의 필스의 말장난은 그림 19와 같이 그릴 수 있으며, clubs라는 단어는 서로 관련없는 두 생각들의 집합을 하나로 연결하는 것으로 간주된다. 이 그림에서 소위 에너지의 흐름은 왼쪽에서 시작하여 오른쪽으로 가는데, clubs는 웃음을 터뜨리는 미끄럼틀의 역할을 한다. 5장에서 이에 대한 은유를 좀더 자세하게 설명할 것이다.

모든 단어는 무한정 서로 다른 기준으로 분류될 수 있기 때문에 무한히 많은 서로 다른 집합체 중의 한 요소이다. 그러므로 단어의 연결을 말장난(특별히 좋은 말장난)이 되도록 결정하는 것은 좀더 심오한 유머의 형태로서 그 의미(문맥, 가치, 의도 등)에 종속된다. 복합적이고(두 개 이상인 단어 결합체의 공통 부분), 복층적인(여러 수준의 융합) 말장난은 말장난의 형태를 띤 유머에 복잡성을 더한다. 또한, 어떤 단어들의 결합이 광범위하게 겹쳐지는 공통의 의미를 내포한다면, 관련된 일련의 말장난들이 전체적인 연속상에서 발전될 수도 있다. 예를 들면, 요리에 관련된 것과 성에 관련된 것들의 결합이 그와 같은 일련의 말장난을 위해 좋은 재료로 쓰일 수 있다. 마지막으로 말장난의 개념은 두음전환의 경우와 마찬가지로 비언어적인 영역으로도 일반화될 수 있다. 교차하는 공통 부분의 관점에서의 분석이 이와 같은 일반화에 적용된다.

한 명제의 비유적인 해석과 글자 그대로의 해석 사이에 의미상 대조는 수많은 언어적 유머의 원천이 되고 있다. 그루초 막스Groucho Max(1890-1977. 미국의 유명한 희극 배우―옮긴이)의 경구 "내가 이 나라에 왔을 때 내 주머니에는 땡전 한푼 없었죠.…… 지금 보니 주머니 속에 동전 한 닢이 있네. (When I came to this country I hadn't a <u>nickel</u> in my pocket… Now I have a <u>nickel</u> in my pocket.)"은 유명하고도 전형적인 예이다. 대략적으로 어떤 형태의 명제가 진술되고 그 다음의 반복에서는 다른 방식의 명제로 쓰여지는데 두 번째는 앞의 방식과는 다른 (글자 그대로 비유적인 해석) 해석이 가능하다. 수학자들은 이러한 관행에 많이 노출되어 있는 편이다. 쓰레기통에서 자주 볼 수 있는 문장으로 "쓰레기는 제자리에(Keep Litter in its place.)"가 있다. 이 글귀를 보면 항상'웃음을 자아내는데, 어떤 것이 쓰레기(litter)라면 그 정의에 의해서 그것이

놓여져야 할 것은 길가 아무데나라는 뜻이 되기 때문이다.

비유적인 것과 글자 그대로의 해석 사이에 더 일반적인 대조는 구, 명제 또는 어떤 이야기나 이것들이 서로 바뀌어져 결합된 것들 사이의 대조이다. 일단 명제를 만들고 그런 다음 재조정하거나 반복되면, 관련된 형태와 서로 다른 의미가 후자에 역점을 두게 된다. (교차 대구법으로 알려진) 이 기술은 소쉬르 학파의 이론으로 밀러Milner가 연구했다. 이것은 물론 유머에만 한정되지는 않는다.

"국가가 너를 위해 무엇을 할 수 있는지 묻지 말라. 네가 국가를 위해 무엇을 할 수 있는지 물어보라." (Ask not what your country can do for you. Ask rather what you can do for your country.)

"학교에서 미친놈처럼 처신한다면 정신병원에서는 학생처럼 처신해야 할 것이다." (If you must behave like a lunatic in school, you'll have to behave like a student in the asylum)

이것이 교차대구법의 예들이다. 이러한 예들에 있어 나타나는 기능의 치환과 병렬적인 구조들은 관계의 전환이나 동음이의어와 같은 말장난처럼 그 기능을 다하는데, 즉 이것들은 거의 동시에 담화의 다양한 전체 모습을 마음속에 떠올리게 한다. 게다가 그것들의 간결한 재치는 그 즐거움을 한결 더해준다.

교차대구법의 좋은 예들은 경구와 인용을 담은 책에서 흔히 볼 수 있다. 시시한 예들은 일상 생활에서 좀 지루하지만 쉽게 발견된다. 있을 수 있는 모든 교차대구법의 구조를 분류하는 것은 불가능한 일이 아니지만 별 소득이 없는 작업인데, 그 이유는 대부분의 어떤 명제라도 이해할 수 있는 교차대구법을 만들기 위해서 재배치될 수 있기 때문이다. 어떤 상황에서 교차대구법의 첫 번째 문장은, 그것이 매우 익숙하다면 말로 나타내지 않아도 이해할 수 있기 때문에 생략하기도 한다. '두 번째' 문장은 언급하지 않은 첫 번째 문장과 같은 것이지만, 다른 억양에 냉소와 회의 그리고 아이러니를 표현하기 위해 강조한다.

종종 의미 있는 소리와 잔잔한 유머가 들어 있는 넌센스를 만들어내려는 의도를 가진 재미있는 알고리즘이나 방안(recipe. 프랑스 작가 그룹에 의해서 고안된 것 중의 하나)이 있다. 유명한 문장을 택해 모든 명사를 하나씩 걸러서 당신의 사전에서 그 명사 다음에 나오는 11번째 단어로 대치해보라. "처음에 하나님은 헤비급(하늘을 뜻하는 heaven 대신에 대치된 단어)과 땅을 창조하였다. 귀지(earth 대신에 대치된 단어)는 아직 모양을 갖추지 않고 아무것도 생기지 않았는데, 짜깁기(darkness 어둠을 대치한 단어)가 뒤덮어…… (In the being God created the heavyweight and the earth. And the earwax was without form, and void; and darning was upon the face…)" 비슷하게 계속적으로 문단이나 이야기 속에서 다른 부적합한 단어로 적당하게 대치하는 것도 때때로 재미있다.

나는 노암 촘스키의 변형생성문법 이론의 개요를 가지고 문법적인 유머의 연구를 결론 지을 것이다. 이 이론이 유머와 관련이 없다 할지라도 (문법적인) 유머의 연구에 일반적이며 유용한 생각을 우리에게 제공한다. 기본적인 개념은 문장의 표면구조와 심층구조 사이의 구별이다. 표면적인 구조는 말하는 것을 듣거나 글로 쓰여진 것을 보는 구조를 말한다. 그러나 문장의 모든 통사론적(문법적)이거나 의미론적 특징을 설명하기에는 충분하지 않다. 이 모든 특징을 설명하는 심층구조가 존재한다고 가정해보자. 이렇게 하면 표면구조에서 불분명하게 혼란스러운 문법을 제거하여 문장의 논리를 갖출 수 있다. 심층구조는 변형생성 규칙에 의해 표면구조로 바뀐다(그래서 변형 생성 문법이라는 용어를 사용한다). 이렇게 거의 태생적인 규칙은 주어진 문장의 의미를 해독하기 위해서 그 문장을 말하는 사람이나 듣는 사람 또는 독자가 추측에 의해 무의식적으로 사용한다.

예를 들면, "존은 떠나기를 간절히 원한다.(John is eager to leave.) 와 "존은 떠나기가 어렵다.(John is difficult to leave.)의 두 문장은 표면구조는 비슷하지만 매우 다른 심층구조를 가지고 있다. 존은 두 문장에서 모두 문법적(표면구조) 주어로 사용된다. 그러나 첫 문장에서만 논리적(심층구조) 주어이며, 두 번째 문장에서는 논리적으로 목적어이다. (도대체 심층구조와 변형생성문법의 무엇 때문에 이들을 단계적으로 위의 두 문장으로 바꿔주는지에 대해서는 변형생성 문법 강좌에 미뤄두자.) 표면구조는 비슷하지만 다른 심층구조를 가지고 있는 또 하나의 예가 있다. "설탕은 천천히 녹는다!(The sugar is slow to dissolve.)"와 "설탕은 쉽게 녹는다.(The sugar is easy to dissolve.)"가 그것이다.

한 개 이상의 심층구조가 주어진 표면구조를 가지고 있는 어떤 명제와 결합된다면, 그 명제의 뜻은 모호해진다. "Mortimer knows a kinder person than Waldo."는 다음 문장들 중에 하나이다. "모르티머는 왈도가 아는 것보다 더 친절한 사람을 알고 있다.(Mortimer knows a kinder person than Waldo knows.)" 또는 "모르티머는 왈도보다 더 친절한 사람을 알고 있다.(Mortimer knows a kinder person than Waldo is.)"가 그것이다. 이 두 문장에는 명백하게 다른 심층구조가 있다. 그럼에도 불구하고 이 두 개의 심층구조는 변형생성규칙에 의해서 "Mortmer knows a kinder person than Waldo."로 변화될 수 있으며, 이에 따라 원래 명제의 뜻은 모호해진다. 이 예와 비슷하게 "All that glitters is not gold."는 "번쩍이는 모든 것이 금은 아니다.(Not everything that glitters is gold.)"나 "번쩍이는 것은 모두 금이 아니다.(Nothing that glitters is gold.)"를 의미할 수도 있다. "The shooting of the hunters was dreadful."은 매우 다른 심층구조를 가진 모호한 명제의 또 다른 예이다.('사냥꾼들의 사격'과 '사냥꾼을 목표로 한 사격'으로 둘 다 해석 가능하다.—옮긴이)

이것이 유머와 무슨 관련이 있는가? 그것은 연속적으로 재빨리 두 가지 다른 해석을 불러일으키는 또 다른 언어적 장치(다행스럽게도 내가 마지막으로 고찰할 것이다.)이다. 그 결과 종종 유머가 발생한다. 오래된 예가 하나 있는데 어느 날 저녁 집에 돌아온 식인종 이야기로 그는 자신이 저녁 식사에 늦었는지를 물어 보았다. 이에 대한 "Yes, everybody's eaten."이라는 대답에는 분명히 다음 두 가지 심층구조가 들어 있다. '모두 식사를 했다.'와 '모두 먹혀버렸다.' 그 하나는 'everybody'가 동사 eat의 주어가 되는 것이고, 또 다른 하나는 목적어가 되는 것이다. 또 하나 고찰해볼 예는 시카고로 자동차 여행을 떠나는 어떤 바보의 이야기이다. 그는 "CHICAGO LEFT"라는 표지판을 보고는 혼자 욕을 하면서 집으로 돌아왔다. 그 표지판에 쓰인 글도 위와 같은 방식으로 모호한 뜻을 담고 있다. 즉, 그 안에는 두 개의 다른 심층 구조가 관련되어 있는 것이다. [left는 '왼쪽'이란 의미와 leave(떠나다)의 과거 동사다.]

모호성과 관련된 것은 표면구조의 단어들이 한 가지 이상의 방법으로 그룹화되었을 때 나타나며 결국 한 가지 이상이 결합된 심층구조를 만들어낸다. 예를 들면, 어떤 사람이 농부에게 다음과 같은 질문을 한다.

"How long cows should be milked?"

그러자 농부가 대답한다 .

"The same as short ones, of course."

여기에는 (how long) cows를 농부는 how (long cows)로 해석한 것이다. 〔'얼마나 오랫동안 소는 ~' 를 '긴 소를 어떻게' 로 해석─옮긴이〕

또 다음 대화를 생각해보자.

부인(또는 남편) "Won't you give up smoking for me?"

배우자 "Why do you think I'm smoking for you?"

여기서는 (give up smoking)(for me)가 (give up)(smoking for me)로 이해되고 있다. 〔'나를 위해 금연' 을 '나 대신에 금연' 으로 해석─옮긴이〕

나는 다음 두 가지 이유 때문에 구어 유머의 논리나 문법 설명에만 한

계를 두었다. 이 이야기를 하는 매체가 책이지 극장이나 TV, 미술관이 아니기 때문이다. 또한 구어적인 농담은, 특히 문법적인 농담의 경우가 비언어적인 농담에서보다 더 쉽게 수학적이거나 유사-수학적인 처리를 할 수 있기 때문이다. 그럼에도 불구하고 내가 말한 것의 일정 부분은 그 범위를 훨씬 넓힐 수 있는데, 만일 논리와 문법에 대한 정의를 어떤 상황이나 물리적 운동, 그리고 음악적 또는 시각적 정돈 등을 포함하도록 확장할 수 있다면 가능하다.

피카소의 황소 그림을 보면 자전거의 좌석과 손잡이가 소의 머리를 연상시키는데, 전혀 다른 두 종류의 이미지를 연결하는 시각적인 재치를 보여준다. 마그리트의 그림, 〈재생될 수 없음(Not to Be Reproduced)〉과 〈Evening Falls〉에는 이상한 거울과 창문이 나오는데 자기모순과 수준의 개념을 연상하게 한다. 야단법석을 떠는 익살극과 육체적인 유머(몸으로 웃기는 코미디)는 (반복, 과장, 부적절한 의상 등) 그 자신만의 논리를 가지고 있다. 찰리 채플린의 위엄을 갖춘 행동은 연약하고 자그마한 그의 외모와 유머러스하게 충돌한다. 이 장의 앞부분에서 언급했던 관계의 반전(간수 대신에 있는 죄수, 주교 대신에 후작)은 비언어적인 유머의 더 심오한 예들이다. 비슷하게 심포니에서 콘트라베이스 대신에 피콜로를, 오페라에서 소프라노 대신에 베이스를, '장엄한' 글에 어울리지 않는 주제를 섞는 행위에서 유머를 발견할 가능성이 있다.('깜찍하고 귀여운' 바흐^{Bach}를 떠올려보라.)

이들 각각의 경우에서 우리는 문장의 논리나 문법이 아니라 상황, 움직임, 시각적인 이미지, 음악적인 형태의 '논리' 나 '문법' 을 암묵적으로 이해하게 된다. 이때에 그와 같은 '논리' 를 연구하고 조합하는 사람들은 수학자나 논리학자가 아니라, 소설가, 비평가, 예술가, 음악가들이다. 그렇다고 해서 이를 너무 엄격하게 구분할 필요는 없다고 생각한다. 수학자들이 수학적 개념을 그림, 음악, 문학에 적용하지 말라는 법은 없고, 역으로 그들이 이들 분야로부터 나온 아이디어나 기술을 새로운 수학구조나 연산을 창조하는데 적용하지 말라는 법도 없다. 화가, 음악가, 작가, 비평가들도 마찬가지이다.(예를 들어 이상한 새로운 수학적 구조가 등장할 것 같은 보르게의 많은 아이디어가 그것이다.)

화가, 비평가, 음악가를 떠나 철학자로 눈을 돌리며, 심오한 철학적 글은 전적으로 농담에 의해 이루어졌다는 루드비히 비트겐슈타인의 말을 상기해보자. 물론 그는 어떤 농담을 '이해한다' 는 것이 결국 그것에 관련된 철학적 관점을 이해하는 것과 마찬가지라는 뜻임을 주장하고 있다. 그러면 이제 '철학적인 유머' 를 고찰해보자.

조지 피처^{George Pitcher}(1966)는 비트겐슈타인의 철학적인 글과 루이스 캐럴의 작업 사이에 매우 재미있는 유사성이 있음을 보여주었다. 피처에 따르면, 둘 다 모두 넌센스, 논리적인 혼동, 언어 등과 관련이 있지만. 비트겐슈타인은 이것을 고통으로 여겼고, 이에 반하여 캐롤은 (적어도 그의 글에서는) 이것을 즐겼다. 피처는 비트겐슈타인이 위에서 언급한 코멘트를 할 때, 마음속에 어떤 형태의 농담을 염두에 두고 있었는지 보여주기 위해 《이상한 나라의 앨리스》와 《거울 나라의 앨리스》에서 많은 글을 인용하였다.

다음의 글들은 비트겐슈타인이 다루었던 주제이면서 상황 논리의 의도적인 혼동을 보여주는 루이스 캐롤의 작품에 들어 있는 것 중에서 대표적인 것들만 발췌한 것이다.

1. 그녀(앨리스)는 조금만 먹었다. 그리고 걱정스럽게 "어느 쪽이지? 어느 쪽이야?"라고 중얼거렸다. 그리고 어느 쪽으로 자신의 몸이 커졌는지 느끼기 위해 손을 머리 위에 대고 나서 하나도 변하지 않고 그대로인 것을 발견하고는 놀랐다. (《이상한 나라의 앨리스》 10쪽)

2. "정확하게 말하지 않았어." 카터필러가 말했다.
"정말 제대로가 아니야. 그게 겁나." 앨리스는 겁을 집어먹고 말했다.

"단어 몇 개가 바뀌었어."

"처음부터 끝까지 잘못되었지." 카더필러가 잘라 말했다. 그리고 몇 분 동안 침묵이 흘렀다. (《이상한 나라의 엘리스》 47쪽)

3. "말하죠. 적어도, 적어도 내가 말하는 것은 내가 생각하고 있는 거예요. 그건 아시다시피 같은 거니까요." 엘리스는 재빨리 대답했다. 그러자 모자 장수가 말했다.

"아니, 그건 전혀 같지 않아! 그럼 너는 '내가 먹는 것을 본다' 와 '내가 보는 것을 먹는다' 가 같다고 하겠구나." (《이상한 나라의 엘리스》 68-69쪽)

4. "너 착한 사람이지? 그래서―숨 좀 돌리기 위해―1분만 멈출 수 있지?" 엘리스는 얼마를 더 달린 후에 숨을 할딱거리며 말했다.

"그럼 착하지. 튼튼하지는 않지만. 자, 1분이 정말 무섭게 빨리 지나가네. 차라리 밴더스내치(Bandersnatch, 사나운 성질을 가진 상상의 동물)를 세우는 게 나을 것 같아." (《거울 나라의 엘리스》 242-3쪽)

5. "정말 좋은 일이야." 여왕이 말했다.

"글쎄, 어쨌든 오―늘(to-day) 원한 것은 아니야."

"네가 원하면 실현되지 않아". 여왕이 말했다. "내―일(to-morrow) 실현되기를 꿈꾸고 시간이 지나야 실현되었는지 알 수 있는 일이야. 그래서 오―늘은 절대로 일어나지 않아."

"'오―늘 실현되는 좋은 일'이 때로는 틀림없이 일어날 거야." 엘리스가 이의를 제기했다.

"아니야. 그럴 수 없어." 여왕이 말했다. "하루 건너씩만 일어나는 일이야. 오―늘은 그날이 아니야."

"이해가 되지 않아. 너무나 혼란스러워." 엘리스가 말했다.

(《거울 나라의 앨리스》 206쪽)

위 예들의 공통점은 무엇인가? 언급했듯이 모두 어떤 개념 논리에 대한 혼동을 드러내고 있다. 어느 누구도 자신의 키가 더 크게 자랐는지 아니면 더 줄었는지 알아보기 위해서 머리 꼭대기에 손을 올려놓지는 않는다(사람의 목이 자라는 게 아니라면 그렇다). 어느 누구도 시 한 편을 "처음부터 끝까지" 틀리게 암송할 수는 없다. 만일 그렇다면 그 시를 암송한다고 할 수 없으니까 말이다.(비트겐슈타인은 동일함과 유사성을 확립하는 준거에 대해 매우 깊은 관심을 가지고 있었다.) 세 번째 인용에서 삼월 토끼는 진술된 말과 그 의미가 완전히 독립되어 있다는 사실을 미리 가정하고 있는

데, 이는 비트겐슈타인이 밝힌 가정으로 많은 오해를 불러일으킨다. 네 번째 문단은 기차train와 같은 단어의 문법과 시간time이라는 단어의 문법을 혼동하고 있으며('일분만 멈출 수 있지?'를 마치 무섭게 빨리 지나가는 기차를 멈추는 것으로 오해하고 있음.—옮긴이) 다섯 번째 예문은 오늘today이라는 단어가 몇몇 유사성에도 불구하고 날짜로서의 역할을 하지 못한다는 것을 보여준다. 이 두 관점들도 비트겐슈타인에 의해서 논의되었다.

비트겐슈타인은 "우리가 일상적으로 사용하는 단어들에 언뜻 보기에 유사한 문법을 적용하여 구사한다면, 우리는 그것들을 유추적으로 해석하려는 경향이 있다. 즉 전체적으로 그와 같이 유추가 적용되도록 시도한다." 이러한 방식으로 우리는 "우리 표현들의 문법을…… 잘못 이해하고 있다." 이와 같은 언어상의 오해는, 내가 언급한 바와 같이 개인의 성격, 기분, 성향에 따라 기쁨의 원천이 될 수도 있고 고통의 원천이 될 수도 있다. 비트겐슈타인은, 어떤 사람이 신발을 신고 있고 발이 아프다고 했을 때 그는 신발이 아프다고 말하지 않는다는 사실을 우려했다(괴로워했다). 만일 캐롤이었다면 아마도 병원에 입원해야 할 정도의 통증으로 괴로워하는 신발에 대한 글을 썼을 것이다.

분석 철학에 관한 어떤 책이든 이를 펼쳐보는 즉시 유머의 근원이 되는 뚜렷한 특징을 발견하게 될 것이다. 다음의 짝지어진 두 개의 문장들은 각각 그 예이다.

"무한을 향해 가다(Going on to infinity)" ⟷ "밀워키로 가다 (Going on to Milwaukee.)"

"정직 때문에 할 수 없이(honesty compels me)" ⟷ "어머니 때문에 할 수 없이(my mother compels me)"

"프랑스의 현재 왕은 털보이다. (the present king of France is hairy)" ⟷ "미국의 현 대통령은 털보이다. (the present president of the United States is hairy)"

"살인 혐의자(an alleged murderer)" ⟷ "무자비한 살인자(a vicious murderer)"

"이제 당신 아내를 그만 때리는가?(Have you stopped beating your wife?)" ⟷ "지금도 코스노프스키에게 투표했는가? (Have you voted for Kosnowski yet?)"

"세상이 시작하기 이전에 (before the world began)" ⟷ "게임이 시작하기 전에(before the game began)"

각각의 경우에 첫 번째 문장은 두 번째 문장과 문법은 같지만 (넓은 의미에서) 그 둘의 논리는 매우 다르다.

사실, 비트겐슈타인과 일반적인 현대 분석철학은 앞에 나온 글에서의 구절들을 명백하게 설명하는 것과 아울러 문제성 있는 용어들(예를 들면, 시간, 마음, 규칙, 행위, 고통, 준거)의 (표면적) 문법과 논리를 오해하지 않게 하는 것(점점 명확하게 하는 것)에 대한 것들을 주로 다루고 있다. 어떤 점에서 분석철학은 언어적 치료라고조차 불릴 수 있으며, 비트겐슈타인, 릴, 오스틴과 같은 철학자들은 이러한 언어적 병을 치료하기 위한 노력과 분석에 헌신해왔다. 피처는, 철학자란 자신도 모르면서 말을 내뱉는 넌센스의 피해자이듯이 앨리스도 넌센스가 지배하는 미친 세계에 등장하는 인물들의 피해자라고 말했다. 비트겐슈타인은 "철학자는 정상적인 인간 이해라는 개념에 도달하기 전에 이해라는 수많은 질병을 스스로 치료해야만 하는 사람이다. 우리가 살아가는 동안에 죽음에 놓여 있다면, 제정신을 가지고 있다 하더라도 결국 광기에 둘러 쌓여 있는 것이다"라고 말했다(1966). 유머를 통해 이러한 몰이해와 좀더 전통적인 철학적인 문제들(신, 죽음, 선택)에 의해 야기되는 불안들이 웃음 속에서 그 안식처를 찾을 수 있다.(우디 앨런과 키에르케고르, 아니면 사무엘 베케트의 유머를 비교하라.)

유머의 논리를 확장하여 연결한다는 위험을 무릅쓰고, 또 아주 웃기지는 않더라도 적어도 대뇌에 미소를 가져다주는 과학 철학의 두 환상적인 역설을 논의하면서 이 장을 끝낼 것이다. 그것들은 6장과 밀접한 관련이 있다. 이 둘은 모두 경험적 명제를 참으로 또는 적어도 개연성이 있는 명제로 확립하는 과학적 귀납법과 관련이 있다. (18세기의 스코틀랜드 철학자인 흄은 과학적 결론의 귀납적 정당화는 순환적이라고 언급했다. 여기 인용된 두 개의 역설은 이 발언과는 독립적이다.)

칼 헴펠Carl Hempel의 '까마귀' 역설은 그것이 까마귀와 연관지어 설명되었기 때문에 그렇게 불리지는데 다음과 같이 쉽게 설명될 수 있다. 누군가 "까마귀는 모두 까맣다"라는 명제를 확인하려 한다고 하자. 밖에 나가서 까마귀를 찾아보고는 모두 검은색인지 확인해본다. 우리는 검은 까마귀의 충분한 예들을 관찰할 수 있게 된다면, "까마귀는 모두 까맣다"라는 명제를 (반드시 결론적으로 증명할 필요는 없지만) 확신하게 될 것으로 믿는다. 그러나 기본 논리에 의해서 "까마귀는 모두 까맣다"라는 명제는 "까맣지 않은 것은 모두 까마귀가 아니다"와 논리적으로 같다. 이 두 명제는 동치이기 때문에, 한 명제를 인정하는 것은 다른 명제를 인정하는 것이 된다. 여기서 분홍색의 플라멩고, 오렌지색의 셔츠, 연두색의 스탠드 같은 것들은 까맣지 않은 대상의 예가 되므로 명제 "까맣지 않은 것은 모두 까마귀가 아니다"를 확인할 수가 있다. 따라서 "까마귀는 모두 까맣다"라는 명제를 인정하게 된다. 그러므로 우리는 분홍식의 플라멩고, 오렌지색의 셔츠, 연두색의 스탠드들을 이용하여 결국에는 까마귀가 모두 까맣다라는 명제를 인정하도록 하였다는 좀 이상한 상황에 이르게 된다. (정서적 분위기가 유머에 꼭 들어맞지는 않다. 이는 정말 우스운 것이 아니라 이상한 일이다.)

도대체 무엇이 문제인가? 아직도 사람들에게는 분명하게 드러나지 않은 것 같다. 두 가지 사실을 재빨리 생각해야만 한다. 하나는 단순히 예가 되는 명제들을 모아놓는다 하여 주어진 명제의 참을 확인하기에는 충분하지 않다는 것이다. 두 번째는 까마귀가 아닌 것과 까맣지 않은 대상들이 까마귀와 까만 색깔을 띤 대상들보다 훨씬 더 많다는 것이다. 그래서 분홍색의 플라멩고, 오렌지색의 셔츠, 연두색의 스탠드가 위의 두 명제를 인정하는—그러나 매우 희박하게—것으로 이해할 수 있지만 그렇다고 까마귀가 모두 까맣다는 명제를 인정하는 것은 아니다.

넬슨 굿맨Nelson Goodman(1965)이 창안한 두 번째 역설은 일명 'grue-bleen 역설'(green과 blue를 합성한 새로운 단어)이다. grue와 bleen은 색깔을 지칭하는 생소한 단어이다. 2010년 1월 1일이라는 임의의 날짜를 선택하자. 어떤 물체가 2010년 이전에 초록색이거나 2010년 1월 1일 이후에 파란색blue이라면 grue라고 정의한다. 반대로 어떤 물체가 2010

년 이전에 파란색이거나 2010년 1월 1일 이후에 초록색이라면 bleen이라고 정의한다. 이제 에메랄드의 색깔을 생각해보자. 지금까지(2002년) 관찰된 모든 에메랄드는 초록색을 띄고 있었다. 그래서 우리는 모든 에메랄드가 초록색이라는 사실에 확신을 갖는다. 그러므로 지금까지 관찰한 모든 에메랄드는 grue이기도 하다. 그렇다면 우리는 모든 에메랄드가 grue (따라서 2010년 이후에는 파란색)라고도 확신해야만 할 것 같다. 그렇지 않은가?

이 grue와 bleen이라는 색깔 단어가 2010년을 기점으로 정의되는 것이 이상하다는 이의가 자연스럽게 제기된다. 그러나 grue-bleen 언어를 말하는 사람들이 존재한다면 그들은 우리가 이상하다고 똑같은 이의를 제기할 수 있을 것이다. 'green' 이라는 단어도 임의로 정한 것이고 2010년 이전에는 grue였다가 그 이후에는 bleen으로 정의하면 된다. 'blue' 도 마찬가지이다. 2010년 이전에는 bleen으로 그후에는 grue로 정의하면 된다.

철학자들은 grue와 bleen이라는 단어에 어떤 오류가 있는지 명쾌한 답을 내놓지 못하고 있다. 그러나 이 문제가 우리의 문제 중에서 가장 최악의 난해한 문제는 아니다. 우디 앨런이 다음과 같은 말을 남겼으니 말이다.

"Not only is there no God, but try getting a plumber on weekends" (신은 존재하지 않는다. 그러니 주말에는 배관공을 구하려고 노력 해보라.)

05 « 농담과 유머에 대한 카타스트로프* 이론의 모델

지금까지 해왔던 유머의 논리에 대한 해설은, 어떤 상황이나 명제 그리고 사람들을 갑자기 다른 방식으로 또는 삐딱한 시각으로 바라보게 하는 해석의 반전이나 뜻밖의 변화가 어떤 것인지를 밝히는 작업이었다. 이와 같은 해석의 전환은, 겁먹었던 대상이 실제로는 그렇지 않다는 것을 깨달았을 때나, 수수께끼를 풀었을 때처럼 약간의 두려움이나 걱정을 극복하는 계기를 만들어준다. 또 이는 종종 공격적이거나 성적 모독감을 주는 장난의 경우에도 적대적 감정을 해소해주는 역할을 하기도 한다. 어떤 때에는

---

*catastrophe는 일반적으로 비참하고 불운한 불의의 변이變異를 일컫는 말. '역전逆轉'을 뜻하는 그리스어, '예기치 못한 일', '정반대로 뒤집히는 것'을 의미한다.
그리고 '카타스트로프 이론'은 한 체계를 조정하는 하나 또는 그 이상의 변수들이 연속하여 변할 때 그 체계가 큰 변화를 일으킬 수 있는 방법을 연구 분류하는 일련의 수학적 방법이다.

주어진 상황을 장난스럽게 표현해주는 경우도 있다. 그리고 또 어떤 경우에는 다른 사람의 (그리 심각하지 않은) 불행으로부터 초래되는 '갑작스러운 기쁨'에서처럼 자기만족의 성취감이 따라올 수도 있다. 이 모든 경우에 있어, 갑작스러운 해석의 전환은 감정적인 에너지의 표출을 초래하며, 이러한 표출은 주로 웃음이라는 형태를 띤다.

매우 재미있는 위상기하학의 이론이 최근 프랑스의 수학자 르네 톰에 의해서 발견되었다(1975). 그는 이러한 불연속성(점프, 변환, 반전)을 기술하고 분류하는 연구를 진행하였다. 카타스트로프 이론으로 알려진 이 이론은 유머의 구조에 대한 일종의 수학적 은유를 마련해주어, 우리가 그

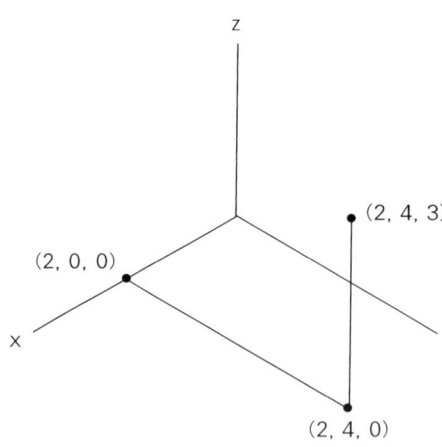

그림 20

구조를 좀더 명확하게 볼 수 있도록 특별한 도움을 줄 것이다. 다행스럽게도 그 이론이 어떻게 응용되는지를 숙지하기 위해 주된 이론의 증명까지 이해할 필요는 없다. 그렇지만 처음에는 이 이론에 대한 약간의 설명부터 시작해야겠다.

필요한 첫 번째 수학적 개념은 삼차원 좌표체계이다.(그림 20) 이 삼차원 공간의 한 점은 x, y, z 좌표를 설정하여 나타내는데, 이는 그 점까지의 x축, y축, z축 방향으로의 거리를 말한다. 따라서 점(2, 4, 3)은 원점(축의 교차점)으로부터 떨어져서 위치하는 그 점의 좌표로, x축 방향으로 2, y축 방향으로 4, z축 방향으로 3을 뜻한다. 공간의 어떤 점도 이러한 형태의 좌표를 가지며 이때 세 개의 수는 항상 공간상에 위치한 어떤 점을 나타내게 된다.

카타스트로프 이론에서 도출되는 가장 평범한 모델 중의 하나는 지멘 E.C. Zeeman이 보여준 예를 통해 가장 잘 이해할 수가 있다. 영국의 수학자 지멘은 이 모델들의 수많은 독창적인 응용 사례를 만들어냈다. 한 예는 동물(특히, 개)의 공격적인 행동과 관련된 것으로, 두려움과 분노라는 (대부분) 두 가지 요인에 의해 결정된다고 생각했다. 두려움은 개가 뒷걸음치도록 하며, 반면에 분노는 개가 공격하도록 유도한다. 물론 두려움과 분노가 없는 상태는 중립적인 행동으로 귀결된다. 매우 재미있는 현상은

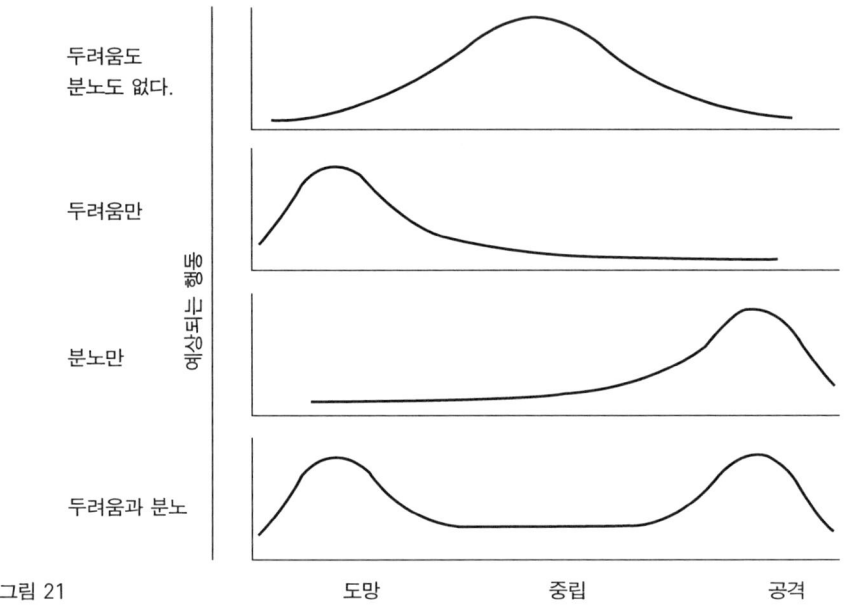

그림 21

두려움도 분노도 없다.

두려움만

분노만

두려움과 분노

도망   중립   공격

두려움과 분노가 둘 다 높은 수준이 되었을 때, 중립적 행동은 거의 나타나지 않고, 두려움이나 분노가 어느 정도나에 따라 공격 또는 후퇴하는 행동을 보인다는 점이다.(그림 21) 이는 매우 중요한데, 으르렁거리며 두려움을 증가시키거나 약간 공격적인 모습을 보이면 갑자기 그 동물은 도망가는 모습을 보인다. 비슷하게 피하는 모습을 점점 많이 보여주거나 약간 뒷걸음치는 모습을 보여주면 갑자기 공격하게 하는 빌미를 제공하는 것이 된다.

이제 두려움, 분노 그리고 이에 따른 행동을 수학적으로 측정하기 위해 각각 x, y, z 좌표라는 삼차원 공간을 생각해보자. 동물이 느낄 수 있는 두려움을 대략 수량화할 수 있는데, 낮은 수치는 약간의 두려움, 높은 수치는 더 많은 두려움을 의미한다. 개의 귀가 평평한 상태에서 뒤로 얼마나 넘어가느냐 하는 정도가 두려움에 대한 대략적인 측정이다. 개가 분노를 느끼는 것도 몇 가지 방법으로 수량화할 수 있는데, 입이 얼마나 많이 벌어지는가를 보면 알 수 있다. 행동의 범위는 도망가는 것, 피하는 것, 중립적 행동, 공격을 위한 으르렁거림으로 나눌 수 있다. 이러한 행동은 도망에서 공격에 이르기까지 점점 더 높은 수치를 가지게 된다.

두려움과 분노를 (x, y)로 나타냈을 때, 있을 수 있는 행동의 한 형태를 z라 하자. 이를 $z=f(x, y)$로 나타내면 z는 x와 y의 함수이다. 일반적으로 두려움이 크고 (x 값이 크고) 분노가 작으면(y값이 작으면) 행동을 나타내는 값은 단 하나뿐인데, 도망(적어도 피함)을 가리키는 것으로 이때 z는 작은 값이 된다. 같은 방식으로 y가 크고 x가 작다면, z는 하나의 값을 취하는데 공격(적어도 으르렁거림)을 의미하는 큰 값이다. x, y가 둘 다 작다면 $z=f(x, y)$는 중간값이 되어 중립을 의미한다. 그러나 x, y가 둘

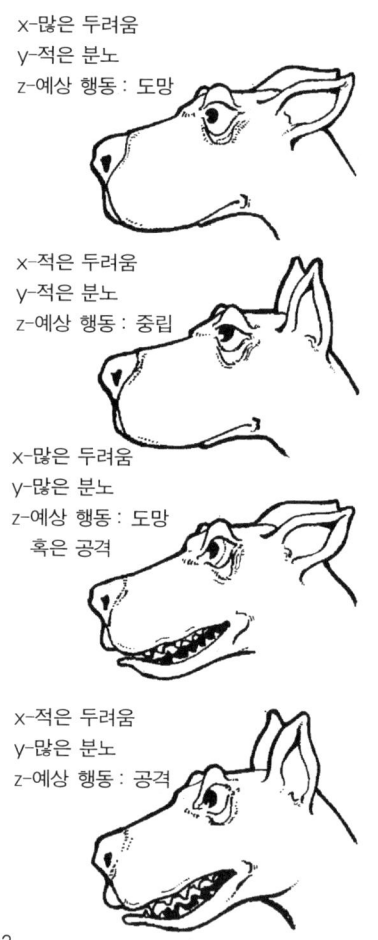

x-많은 두려움
y-적은 분노
z-예상 행동 : 도망

x-적은 두려움
y-적은 분노
z-예상 행동 : 중립

x-많은 두려움
y-많은 분노
z-예상 행동 : 도망
　혹은 공격

x-적은 두려움
y-많은 분노
z-예상 행동 : 공격

그림 22

다 크다면(두려움과 분노 둘 다 크다면) $z=f(x, y)$는 두 개의 값을 가질 수 있는데, 하나는 크고 하나는 작은 값으로 각각 공격 또는 도망 둘 중의 하나를 의미한다.(그림 22)

x, y 값과 이때의 $z=f(x, y)$에 대하여 하나의 점 (x, y, z)을 만들 수 있다. 그 결과를 나타내는 점들로 구성되는 그래프를 그릴 수 있는데, 이들 각각은 주어진 x, y 값에 대한 결과를 말한다. 이 그래프는 3차원 공간에서 한 평면을 말한다. 이제 톰의 이론의 주요 정리에 대하여 말해야 하는데, 그것은 이 평면이 명확하고 독특한 모양을 가져야만 한다는 사실이다. 그 정리에 따르면, 이 두 요인에 의해 결정되는 어떤 행동도 불연속적이며 두 개의 약한 조건[*]을 만족할 때 그 결과

126

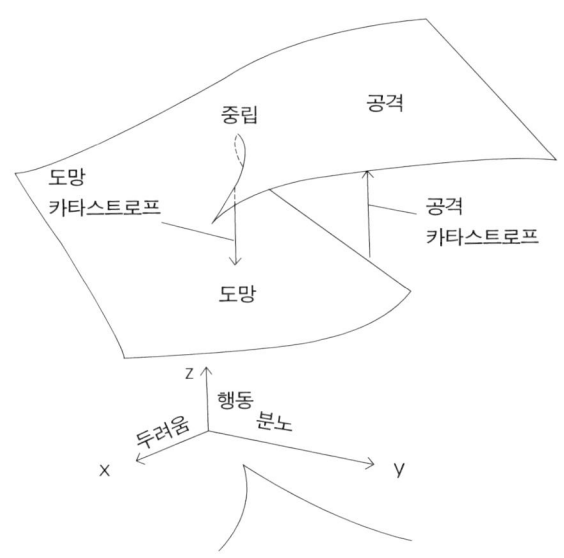

그림 23

가 그래프로 주어진다. 우리는 이 그래프의 질적인 형태에만 관심이 있기 때문에, 분노, 두려움, 행동을 정확하게 측정하는 세부 사항은 중요하지 않다.

---

* 요구되는 두 조건은 다음과 같다.
  (1) 임의의 점 (x, y)에서 행동 z는 (x, y)와 관련되어 발생할 가능성이 가장 높은 결과이며,
  (2) 임의의 행동 z가 임의의 점 (x, y)에서 일어날 수 있는 가능성을 표현하는 함수는 '부드러운' 함수이므로 미적분학의 도구를 이용할 수 있게 한다.

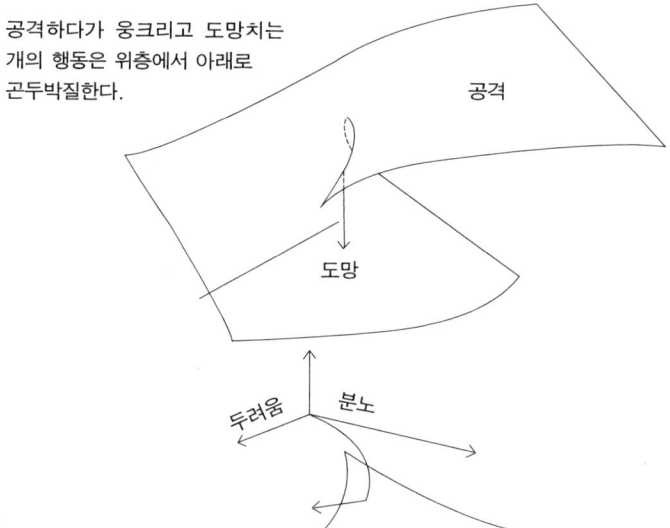

공격하다가 웅크리고 도망치는
개의 행동은 위층에서 아래로
곤두박질한다.

공격

도망

두려움 분노

그림 24

그 평면의 중앙에는 두 개의 층이 있는데 이들은 점차 한 점으로 좁혀
진다. 이 두 개의 층은, 앞으로 우리가 보게 되겠지만, 그것의 가장 구별
되는 특징을 평면 위에서 펼쳐보인다. 두 개의 층(가능한 행동들)의 윗부
분을 점하는 지역은 뾰쪽한^{cusp} 모양의 곡선으로 xy평면 위에 나타내어
진다. 그곳은 두려움과 분노가 모두 큰 지역이다. 그러므로 우리는 이 모
델을 커스프 카타스트로프$^{cusp\ catastrophe}$라고 부른다.

이 모델을 이해하기 위해서 몇 가지 특징을 조사해보자. 지금까지 진행되어온 예에서, 우리는 경험상 공격적인 개가 좀더 두려움을 느끼거나, 분노를 덜 느낀다면, 그의 행동에는 카타스트로프적인 변화(catastrophic change, 갑작스럽고, 부조화스러우며, 비교적 강도가 높다는 의미에서)가 일어난다는 사실을 알고 있다. 이 모델을 그림으로 생각하면 개의 행동이 위의 층에서 아래층으로 '떨어진다'는 것인데(그림 24), 이는 공격에서 도망이라는 갑자기 곤두박질치듯 하는 변화를 뜻한다. 마찬가지로 아직 화가 덜 풀렸지만 도망가고 있던 개가 곤봉으로 약간이라도 맞았을 때에는 갑작스럽게 돌아서 공격한다. 이 모델의 용어로 그의 행동은 위층으로 '뛰어올랐다jump'고 한다.

이 상황에서 커스프 카타스트로프 모델은 현실에 들어맞는다. 여기서 나는, 톰의 정리가 그 무엇보다도 다음과 같은 사실을 말하고 있음을 반복해서 말해야겠다. 즉 두 요소에 의해 결정되며, 불연속적이고, 어떤 약한 일반적인 조건(앞에서 언급한)을 만족하는 어떤 행동이나 양은, 그것이 그래프로 그려졌을 때 똑같은 일반적인 형태의 근원이 된다는 사실 말이다. 이와 같은 독특한 조건들 때문에 그의 정리가 응용될 때에도 무척 설득력이 있는 것이다.

예로 돌아가서, 분노와 두려움이 둘 다 크다면 표출되는 행동은 두려

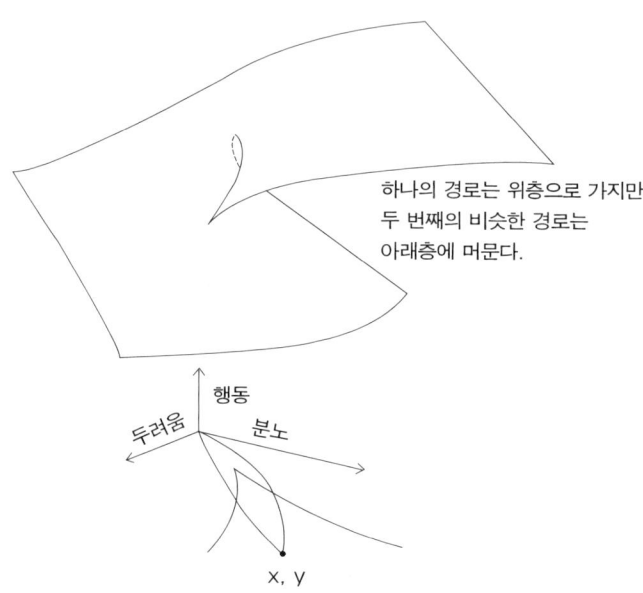

하나의 경로는 위층으로 가지만
두 번째의 비슷한 경로는
아래층에 머문다.

행동

두려움   분노

x, y

그림 25

움과 분노가 형성되는 방식에 달려 있음에 주목하라. 그러므로 처음에는 약간의 두려움이 있었고, 그 후 분노와 두려움이 어떤 수준, 예를 들어 x, y까지 상승된다면, 그 결과 이루어지는 행동은 도망가는 것이다. 그러나 처음에 약간의 분노가 있고, 그런 다음 분노와 두려움이 x, y라는 같은 값으로 상승한다면, 그 결과 이루어지는 행동은 공격이다. 이것은 그림 25에 설명되어 있다. 발산이라고 불리는 이 성질은 커스프 카타스트로프

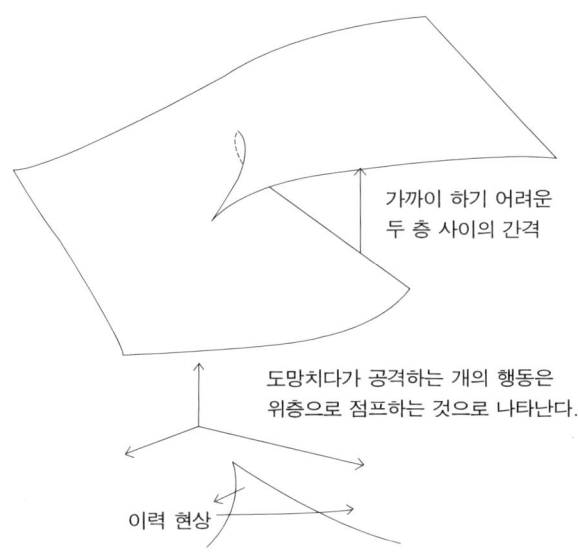

가까이 하기 어려운
두 층 사이의 간격

도망치다가 공격하는 개의 행동은
위층으로 점프하는 것으로 나타난다.

이력 현상

그림 26

가 사회학과 생물학에도 유용하다는 사실을 말하는데, 이들 분야에서 행동, 반응, 태도 등이 급작스럽고 불연속적인 변화뿐만 아니라 거의 똑같은 '원인'에도 때때로 너무 다양한 모습으로 표출되기 때문이다. 표면 형태에 대한 또 다른 중요한 귀결은, x와 y 중 어느 하나 또는 둘 다 약간만 변하더라도 z의 값에는 갑자기 커다란 변화가 일어나지만 이 작은 양을 환원한다 하더라도 z에서 발생한 커다란 변화는 결코 되돌릴 수 없다는 사실이다. 따라서 앞의 예에서 약간의 매질로 결국 급격한 반전이 이루어져 공격으로 나왔을 때, 개의 분노를 약간 약화시킨다고(아니면 두려움을 약간 증가시키든지) 하여 공격을 멈추지는 않을 것이다. 이를 위해서는 분노와 두려움에 있어 훨씬 큰 변화가 필요하다. 이력 현상^{hysteresis}이라고 부르는 이러한 현상은 그림 26에서 나타나 있다. 마지막으로 두려움과 분노가 둘 다 큰 경우에 일어날 수 있는 두 행동에는 결코 가까이 할 수 없는 커다란 간격이 있음에 주목하라. 이는 중립적인 행동이 나타나지 않음을 시사하는 것이다.

이 모든 성질들―두 개의 층 사이의 파국적인 점프, 발산, 이력 현상, 근접할 수 없는 간격―은 그래프에서 일반적인 형태로 나타난다. 그리고 이 일반적인 형태는 톰의 이론을 그대로 따르는 것이며, 이미 말한바와 같이, 두 요인에 의해 결정되는 어떤 양(행동)은 비연속적이며, 어떤 약하지만 일반적인 조건을 만족하는 그 행동은 위 그래프 모양의 근원이 되는 것으로 규정하고 있다. 지멘을 비롯한 여러 사람들이 이와 같은 양에 대한 수많은 연구를 진행하였다. 가격표는 초과 수요와 투기 정도에 의해 결정되는 것으로 여길 수 있다. 어떤 상황에서는 사람의 기분이 그 사람의 걱정과 두려움에 의해 결정될 수 있다. 국방 정책은 영토를 위협하는 요인들과 국방비에 의해 결정될 수 있다. 카타스트로프(파국)가 주식시장의 폭락이나 회복, 분노의 카타르시스적인 표출이나 불안에 의한 공격,

개전 명령이나 휴전 명령 등일 때 종종 커스프 카타스트로프 모델이 적용될 수 있으며 그 다양한 성질을 보여줄 수 있다(그러나 예언은 아니다.)

이 모델의 본질적인 관심 사항은 제쳐두고 이 모델을 소개하는 이유는, (상당히 좀더 복잡하고 뒤얽힌 형태로) 이 모델이 유머를 연구하는 데 적용될 수 있다고 믿기 때문이다. 이를 위해 우선 모호성을 생각해보자. 모호성은 한 명제나 이야기가 두 개 이상의 의미를 가질 수 있을 때 나타난다. 보통은 이 중 하나의 의미만 분명하게 드러난다.(만일 둘 다 분명한 의미라고 한다면, 어느 한쪽은 특정한 맥락에서 이해된다.) 모호한 명제나 이야기는, 그 모호성이 특정 방식으로 해석되어질 가능성을 변화시키기 위해서 좀 더 깊이 있게 전개될 수 있다. 사실상, 어떤 시점에서 갑작스레(비연속적으로) 모호한 이야기에 대하여 지금까지 이해하고 있던 것(통일된 전체 경험)을 뒤집어 엎으면 이때 해석상의 급격한 전환이 이루어진다.

이는 모호성의 개념이 커스프 카타스트로프에 의해서 모델화될 수 있음을 암시한다. 모호한 이야기가 전개됨에 따라, 그것의 두 가지 해석을 가능하게 하는 요소들이 첨가되어진다. 이들은 전개되고 있는 이야기가 각각 두 가지 의미로 해석될 수 있도록 (x, y)라는 측정값을 가지게끔 수량화될 수 있다. (이를 위해 유일한 방법은 없지만, 어떤 방식이든 똑같은 질적 상황을 그려내어 어떤 식으로든지 우리가 이를 해석할 수 있도록 해준다.) 그와

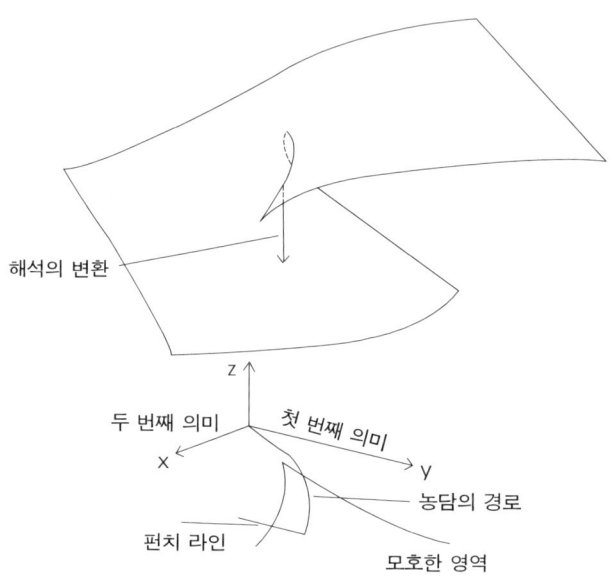

해석의 변환

z

두 번째 의미   첫 번째 의미

x   y

농담의 경로

펀치 라인

모호한 영역

그림 27

같이 전개되고 있는 이야기와 관련된 행동은 그 이야기의 어느 주어진 관점에서 (몇몇 사람이나 또는 그룹에 의해) 이루어지는 해석이다. 그것은 종종 대략적인 측정값, 즉 z로 나타내어지는데 첫 번째 의미로 해석되면 높은 값을 가지며, 두 번째 의미로 해석되면 낮은 값을 가지게 된다. 각각의 순서쌍 (x, y)에 대하여, 적어도 하나의 행동(해석)인 $z=f(x, y)$가 존재한다. 만일 $z=f(x, y)$에 의해 순서쌍 (x, y, z)를 그래프로 나타내면, 톰의 정리(여기서는 그에 대한 일반적인 조건들이 적용된다.)와 위의 가정에 의해 우리는 커스프 카타스트로프와 결합된 독특한 평면을 얻는다.

　　그렇다면 이 사실은 농담과 유머에 대해서 무엇을 말하고 있는가? 우리가 관찰한 바와 같이, 농담은 주어진 상황과 서술에 있어서 부조화를 어떻게 인식하는가에 달려 있다. 그래서 농담은 구조화된 모호성의 일종으로 간주될 수 있으며, 해석상의 전환이라는 카타스트로프로 전락시키는 펀치라인이다. 그것은 결국 두 번째 의미(일반적으로 숨겨진)가 의도된 것임을 갑작스럽게 명확하게 드러내기 위해서 충분한 정보를 보완해주는 것이다.(그림 27)

　　2장에서 예를 든 펭귄 농담을 떠올려보자. 전개되고 있는 첫 번째 의미는 한 여인과 그리고 어떤 생활 방식에 대하여 전개되어 간다.(그림으로 설명하면, 점차적으로 모호한 지역을 넘어 두 번째 층으로 올라가고 있는 것이다.) 이때 "컴퓨터가 그에게 펭귄을 보냈다."는 펀치라인은 숨겨진 두 번째 의미를 드러내며 결국 해석의 전환이라는 카타스트로프를 초래한다.(그림으로 설명하면, 그래프의 위층에서 아래층으로 추락하는 것이다.) 이와 마찬가지로 앞장에서 나온 필즈가 한 말장난의 첫 번째 문장인 "Do you consider clubs appropriate for small children?"은 아이들의 사회 활동에 대한 관심을 나타내는데, 이는 생각할 수 있는 가장 그럴 듯한 행

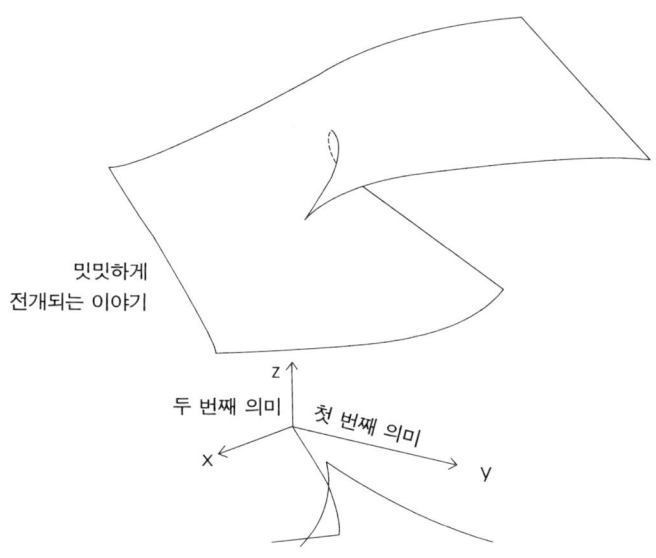

밋밋하게
전개되는 이야기

두 번째 의미　첫 번째 의미

그림 28a

동(해석)으로 모호한 지역을 넘어 그래프의 위층에 자리잡고 있다. 이때 펀치라인인 "Only when kindness fails"가 숨겨진 다른 의미를 드러내보이는데 이때 그래프의 위층에서 아래층으로 카타스트로프적인 추락으로 이어진다.

　커스프 카타스트로프에 의해 기술되는 현상들의 독특한 특징은 정보를 제공해준다는 점이다. 앞서 밝힌대로, 두 층 사이의 카타스트로프적 해석의 전환이 그것이다. 발산은 왜 이야기 서두의 자그마한 일탈이 결국

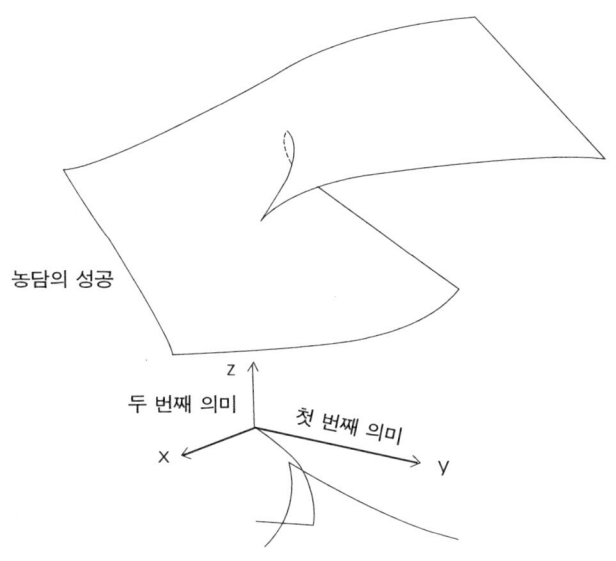

농담의 성공

z

두 번째 의미　　　첫 번째 의미

x　　　　　　　y

그림 28b

에는 유머의 결핍으로 귀결되는지를 그림으로 '설명' 해준다. 그것은 '밋밋하고', '시시하며', '결코 모호성이 해소되지 않는다.' (그림 28) 이러한 구절들은 이야기에 대한 해석이 뾰족한 끝의 반대쪽을 가로질러 평면의 낮은 층위에 머물러 있는 방식으로 이야기가 전개된다고 글자 그대로 이해될 수 있다. 농담 '만들기'가 실패한 것이다.

　이력 현상의 성질이 우리에게 말해주는 것은 다음과 같다. 두 번째 의미가 너무 빨리 밝혀지면, 즉 잘못된 순서로 관련된 세부 사실을 말하면,

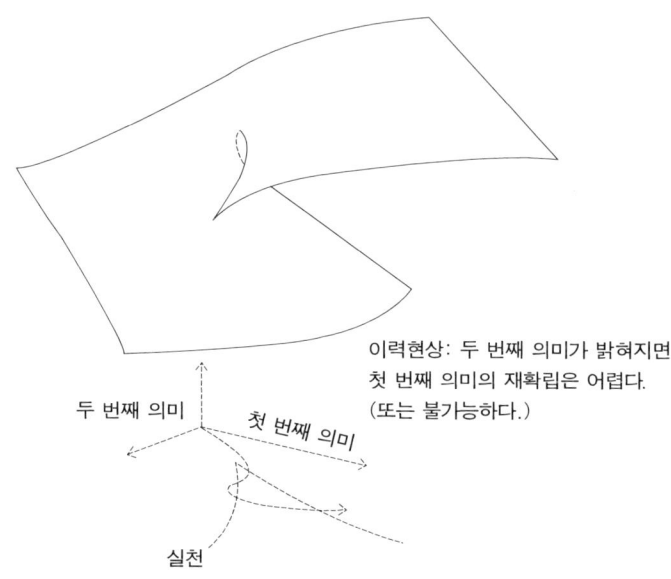

이력현상: 두 번째 의미가 밝혀지면
첫 번째 의미의 재확립은 어렵다.
(또는 불가능하다.)

두 번째 의미

첫 번째 의미

실천

그림 29

농담이 행해지도록 첫 번째 의미에 대한 해석을 재정립하는 데 매우 큰
노력이 필요하게 된다. 사실상 대개 이러한 노력은 어렵거나 불가능하다.
이는 설명이 필요한 농담이 재미없다는 사실을 어느 정도 반영하고 있다.
그 이유는 두 가지 해석이 심각하게 설명되어야 한다면, 한 가지 해석을
전개하고 그 다음 즉각 다른 쪽으로 전환해야 농담이 발생하기 때문이
다.(그림 29)

또한 평면의 모양은 농담을 구현하는데 타이밍의 중요성을 부분적으

로 말해준다. 코미디언은, 청중들이 자신이 앞에서 이미 말한 것을 어떻게 해석하고 있는지 인식해야 하는데, 즉 그래프 상에서 청중이 평면의 어느 위치에 있는지 파악하고 있어야 한다. 청중이 그를 앞서 나간다면, 두 번째 의미가 너무 빨리 드러나기 때문에 김 빠진 농담이 된다. 그가 청중보다 앞서 있다면 펀치 라인은 해석의 전환을 가져오지 못하게 되며 코미디언은 자신이 왜 이 직업을 택했는지 후회할 것이다.

이 평면에서 접근할 수 없을 정도로 떨어져 있는 격차는 하나의 해석이 한 번에 하나씩만 진행되어야 함을 말해준다. 둘 사이의 빠른 전환이 가능하지만, 네커 정육면체Necker cube의 경우나 다른 애매 모호한 그림에서처럼, 우리가 이를 인지하는 방법은 주어진 순간에 오직 한 가지 방법만이 가능하다.

지금까지 우리는 주어진 이야기에서 가장 가능성 있는 해석을 나타내는, 평면상의 z좌표에 대하여 생각해보았다. 이때 주어진 이야기는 x, y 좌표가 두 가지 해석이 가능한 이야기에서 전개되도록 하는 대략적인 측정치이다. 웃음을 자극하는 농담과 유머에서 (그리고 일반적으로 이 경우에서만), 생리적인 자극의 대략적인 측정 대신에 z 좌표를 택하는 것이 좀더 자연스러울 것 같다. 우리는 여전히 두 요소에 의해 결정되는, 그래서 갑작스런 상승(하강)이 이루어는, 톰의 정리가 성립하기 위한 일반적인 조

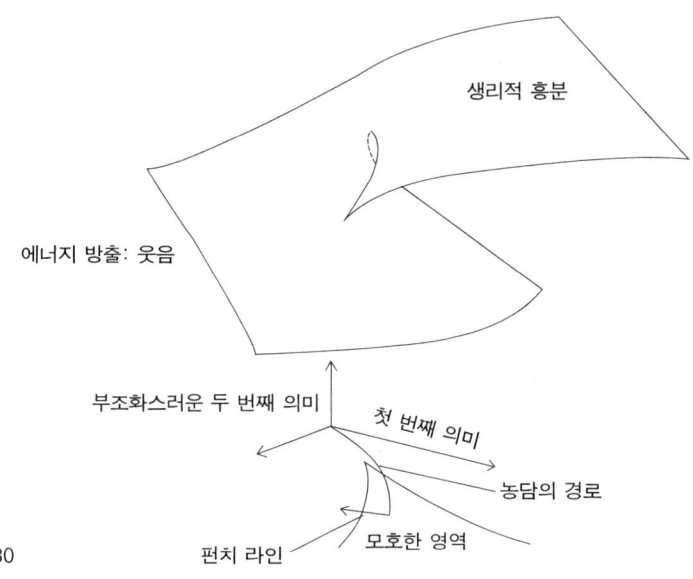

그림 30

건들을 만족하는 수량을 가지고 있다. 그러므로 그 정리는 여전히 적용되고 있으며, 만들어진 평면의 질적인 모양은 같은 것이다. 그러나 이제 우리는 생리적인 흥분 상태에서 카타스트로프적 하강에 의해 초래되는 감정적인 에너지의 배출로서 농담의 펀치라인과 동반되는 웃음을 해석할 수 있다. 내가 이 장의 처음에 말한 바와 같이 이와 같은 감정적인 에너지는 약한 두려움의 극복, 적대적 감정의 해소, 재미의 표현이나 만족의 성취로부터 나온다.(그림 30)

그러므로 커스프 카타스트로프는 인지적 부조화 이론과 유머에 대한 다양한 생리학적 이론을 웃음의 표출 이론과 결합하는데, 이 모든 것을 극도로 단순화된 하나의 모델로 만든 것이다. 부조화나 한 쌍의 가능한 해석들은 물론 필수적이다. 그러나 이러한 부조화는 결국에는 그 결론이 (성적인 욕망, '갑작스런 큰 기쁨.' 장난스러움 등으로부터 그것이 무엇이든 간에) 감정적인 에너지를 방출해버리는 것이어야 한다. 게다가 이 모델은 적어도 유머의 혼란 이론과 모순되지 않는데 그 이유는 (숨겨진) 두 번째 의미(x 좌표)가 종종 절대적으로 상황에 따라 달라지기 때문이다.

앞에서 언급한 바와 같이 그 모델은 다음 두 가지 이유 때문에 유용하고 시사적인 수학적 은유로 폭넓게 채택된다. 그 하나는 좌표 x, y, z 값을 정확하게 측정하는 것이 보통은 매우 어렵고 때때로 순전히 관례에 의한 것이다. 또 하나는 이 모델이 일반적으로 양으로 계산된 예언의 산출이 아니라 질적 형태를 만들어주기 때문이다. 어떤 제한적인 맥락 속에서 이러한 장애들은 물론 극복될 수가 있지만, 일반적으로는 그렇지 않다. 그 모델은 유머의 인지적인 부조화와 감정이 들어 있는 분위기를 웃음에 대한 표출이론과 결합하여 적어도 유머의 구조를 그림으로 훤히 꿰뚫어 보는 첫 걸음을 마련해준다.

대부분의 단순한 농담들은 합리적으로 이 모델에 잘 들어맞지만 (웃음을 제공하지 못하는 농담들의 경우에 있어서 일어날 수 있는 해석의 측정치가 z 값이다), 그럼에도 불구하고 약간 극복해야 하는 몇 가지가 있다. 예를 들어 펀치라인―자막이 없는 만화, 캐리캐처, 과장된 몸짓, 갑작스런 멍청이짓, 갑작스럽고 놀라운 소음, 마술―이 많은 농담을 생각해보자. 이 모델은 첫 번째 해석 다음에 두 번째 해석의 전환으로 이어지지 않기 때문에 쓸모 없는 것처럼 보인다. 이러한 경우에 우리는 암묵적으로 내재된 해석과 두 번째 해석으로 그것(멍청이짓, 예기치 못한 말, 기타 등등)의 일탈로서 무엇이 기준이고 관습인지 쉽게 이해할 수가 있다. 웃음에 의해 표출된 에너지나 긴장은 만들어진 것이 아니라 항상 존재하던 것으로 지금 언제라도 표출될 준비를 하고 있음을 가정한다. 이것이 어쩌면 어떤 경우에라도 더 현실적이리라.

이 모델에 좀더 부가적으로 함축되어 있는 것에 대하여 언급해야겠다. 이 모델이 암시하는 것은, 만일 위층과 아래층 사이에 큰 차이가 있다면 펀치 라인에 의해서 초래되는 카타스트로프적 하강이 더 클 것(더 많은 웃음)이라는 점이다. 이는 불안감에 의해 조성된 섹스, 권력 같은 분야에서 더 잘 들어맞을 것이다. 예를 들어, 대부분의 고대 해학극은 (성, 권력 중의) 한 쪽만을 또는 둘 다 다루고 있다. 물론 더 많은 웃음이 있다고 하여 더 재미있다는 것은 아니다. 일산화질소(마취용. 맡으면 기분을 들뜨게

함)가 재미있는 게 아니니까. 이 모델은 또한 '미학적으로 형편없는esthetically clumsy' 과 '크고 뚱뚱한big and fat' 과 같은 구절들은 약간 유머러스하지만 '형편없이 미학적인clumsily esthetic" 과 "뚱뚱하고 큰fat and big"와 같은 구절들은 전혀 그렇지 않다는 것을 말해준다. 처음의 순서쌍들은 위층에서 시작하며 에너지를 방출하면서 아래층으로 떨어지지만, 반면에 두 번째 순서쌍들은 반대로 위로 올라간다. 어떤 경우에도 별로 기대되는 것이 없으며 두 개의 층 사이에 약간의 점프가 있을 뿐이다.

마지막으로 자기 모순적인 메타 암시를 포함하는 유머에 대한 카타스트로프 이론적 분석을 전개하기 전에, 광범위하게 눈에 띄는, 즉 k라는 철자를 발음하는 소리가 포함된 장난기 있는 말과 그것이 외설적인 농담에 널리 등장하는 현상에 대한 설명을 하겠다. 내 생각에 이러한 현상의 이유는 k라는 철자가 들어 있는 소리를 발음할 때에는 펑크 또는 무언가 터지는 소리를 가지고 있기 때문에 농담의 펀치라인에 특별히 알맞고, 거기에다가 의성학적인 효과가 카타스트로프적으로 생겨나는 펀치 라인을 강화하기 때문이다.

하나의 예를 들어보기 위해서, (그리고 적어도 이 장에서 새로운 농담을 끌어들이기 위해서) 다음 이야기를 생각해보자.

매일 같이 한 중국 식당에서 늘 아침식사를 하며 항상 두 개의 달걀 프라이fried egg를 주문하는 그리스Greek 인이 있었다. 중국인 웨이터는 항상 정중하게 "Two flied eggs, sir." 라고 주문을 받았다. 이런 식으로 몇 년이 지난 후에 짜증이 난 그리스 인은 어느 날 불평을 터뜨렸다. "이 바보 같은 사람아! 영어를 좀 배우게. two FLIED eggs가 아니라 two FRIED eggs일세. 알겠나? Two FRIED eggs, Two FRIED eggs!"

다음날 아침, 중국인 웨이터가 달걀을 주문받으면서 매우 정중하게 "Two FRIED eggs. you Gleek plick.

[Greek prick('귀찮은 그리스 놈'을 여전히 틀리게 발음함. k발음이 연달 등장하는 농담의 예—옮긴이)]

3장에서 나는 크레타 섬사람의 패러독스가, 말해지거나 행해진 것과 모순이 되는 메타 암시가 존재하여 그것이 농담과 연극 등의 여러 시도에 어떻게 함축되어 있는지 밝혔다. 이 상황은 훨씬 더 간단한 또 다른 카타스트로프에 의해 모델화될 수 있는데, 그것은 어떤 행동이 (또는 어떤 수량이) 비연속적인 점프를 하고, 오직 한 가지 다른 요인에 의해 결정되며, 어떤 약한 일반적인 조건을 만족할 때 발생한다. 이 다른 요인에 대해 주어진 수 값을 w라 하면, 이와 연관되어 일어날 수 있는 가장 그럴 듯한

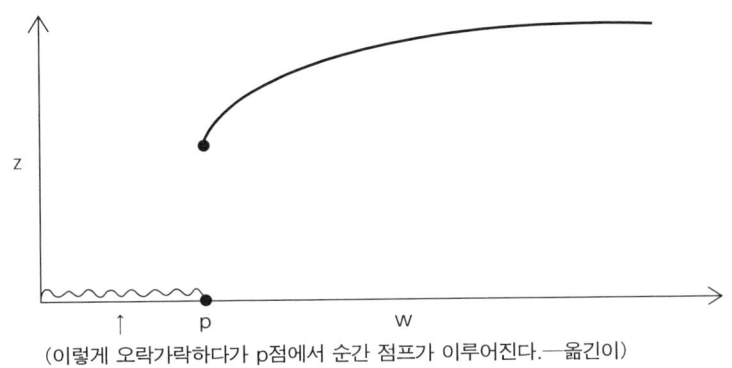

(이렇게 오락가락하다가 p점에서 순간 점프가 이루어진다.—옮긴이)　　　　그림 31

행동 z를 $g(w)$로 표기하여 $z=g(w)$라 하자. 톰의 분류 정리는, 그와 같은 카타스트로프에 대한 가능한 한 개만의 그래프가 그림 31(z가 커스프 카타스트로프에서 두 개의 요인이 아닌 한 개에 요인에 의존하고 있으므로 이차원적 곡선이다)에서처럼 단순한 이차원적 곡선과 같이 질적인 모양을 하고 있음을 말하고 있다.

　　w가 p보다 커지면, $z=g(w)$는 곡선 위에 있다. 그러나 w가 작아지면 가파르게 떨어짐에 따라 p지점의 z의 값에서 비연속적인 점프가 일어난다. 비슷하게 w가 p보다 작으면 $z=g(w)$는 낮다. 그러나 w가 증가함에 따라 비연속성은 p지점의 z값에서 나타나는데, 곡선 위로 뛰어오르게 된다.

우리는 다음과 같은 방법으로 이러한 소위 폴드(fold : 층) 카타스트로프를 크레타 섬사람들의 패러독스에 적용할 수가 있다. 이 이야기의 '사실성'에 대한 대략적인 측정을 위해서 w값을 정하라. 이것에 의해 그 이야기(또는 그 이야기의 처음 부분)가 주어진 어떤 시점에서 어느 정도 심각하게 받아들여지는가를 측정하기 위한 것이다. 그 이야기는 내용뿐만 아니라 그것이 구현되는 방법을 의미한다. 따라서 이야기가 진행되는 동안 화자가 윙크를 한다든지 이상한 사투리를 사용하면 w값은 하강한다. 반대로 어떤 내적 일관성을 가지면 이야기가 진행되는 동안 w값은 증가한다. 커스프 카타스트로프의 경우에 우리는 생리적 자극의 대략적인 측정을 위해 z를 택할 수도 있다. (z에 대한 다른 해석들이 가능하며 사실 좀더 지적인 농담에서는 더 자연스럽다. w 이외의 다른 요소에 의해 있을 수 있는 z의 의존성은 당분간 무시한다. 잠시 후에 이 두 문제에 대해 다시 언급하겠다.) 방정식 $z=g(w)$는 주어진 w에 대응하는 가장 그럴듯한 값 z를 전해준다. 물론 z와 w의 값을 정하는 유일한 방법은 없지만, 합리적인 관례에 의해 이들 곡선과 평면에 대한 똑같은 질적인 모양을 제공할 것이다.

3장에서 논의한 바와 같이, 이제 어떤 자기 모순적인 메타 암시가 그 이야기를 이해하는데 진동 상태를 만들어낸다. 참인 것은 거짓이고, 거짓이면 참이다. 이야기가 전개됨에 따라(w가 점차적으로 증가됨) 이에 참여

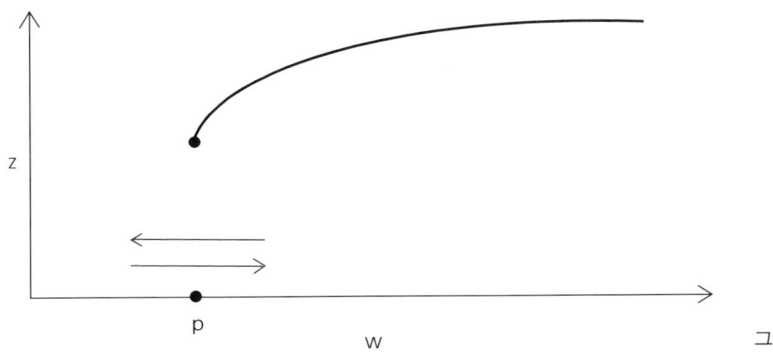

그림 32

하는 청자는 무의식적으로 그 속에 몰입하게 되면 여기서 z는 갑자기 점프를 하게 된다. 반대로 w의 작은 감소는 (예를 들어, 사소한 음성의 변화 같은 것) 청자가 순간적으로 이야기, 농담, 연극 등이 '비현실적이지만 현실적으로 믿게끔 만든 것'임을 깨닫게 만들면서 z값은 커다란 하락을 초래할지도 모른다. 톰의 정리에 의하면, 이러한 비연속성에서 있을 수 있는 하나의 그래프는 폴드 카타스트로프이다. (일반적으로 z는 w 이외의 다른 요인들에 의존하지만 지금은 이것들이 무시되거나 상수 값을 취하게 됨을 기억하라.) 그러므로 이야기가 진행됨에 따라(그림 32) 청자는 (1) 이에 맞추어 심각하게 받아들이고 따라서 이에 자극받는 것과 (2) 메타 암시에 반응하여 이에 따라 이야기가 꾸며진 것임을 알아차리고 맥빠지게 되는 상황 사이에서 왔다 갔다 하게 된다. 이와 같은 정신적 진동 현상은 좋은 농담, 극장 그리고 연극과 결합된 기분 좋은 긴장 상태를 부분적으로 설명해준다.

3장에서 말한 바와 같이 농담의 유머는 이러한 기분 좋은 긴장과 함께 펀치라인으로부터 발생한다. 따라서 농담이나 우스운 이야기의 구조에 대한 좀더 정확한 모델은 어느 정도 이들 요소들이 결합된 모델, 즉 어느 정도 커스프 카타스트로프와 폴드 카타스트로프가 결합된 모델일 것이다. 여기서 z는 x, y, w 세 변수들의 함수가 되며 순서쌍 (x, y, w)과 결합된 가장 그럴 듯한 행동이 될 것이다. 여기서 톰의 정리는 다음과 같은 진술을 하게 된다. 즉, 두 변수의 경우와 유사한 일반적인 조건을 만족하는 비연속성을 가지며 세 가지 다른 요인에 의존하는 z와 같은 어떤 양은 제비꼬리 카타스트로프swallowtail catastrophe라고 알려진 매우 특징 있는 그래프를 가져야만 한다는 것이다.

그 그래프는 4차원 그래프이기 때문에 쉽게 시각화될 수 없다. 그러나 우리는 커스프 카타스트로프의 뾰족한 곡선에 유사한 삼차원 그림을 그려보려 한다. 그것은 어느 지점에서 점프가 일어나는지를 시사해준다.(그림 33) 복합된 자기모순적 메타 암시가 없는 농담의 경로는 원점에서 시작하는 직선으로, 뾰족한 부분의 오른쪽 면을 가로질러 모호한 구역

농담과 유머에 대한 카타스로프 이론의 모델

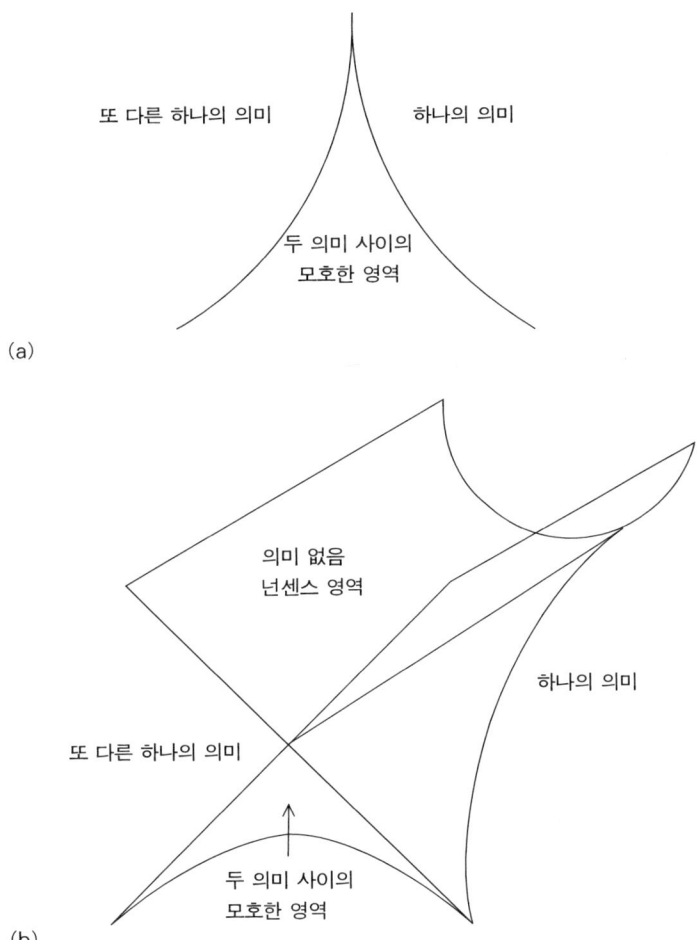

또 다른 하나의 의미   하나의 의미

두 의미 사이의
모호한 영역

(a)

의미 없음
넌센스 영역

하나의 의미

또 다른 하나의 의미

두 의미 사이의
모호한 영역

(b)

그림 33

149

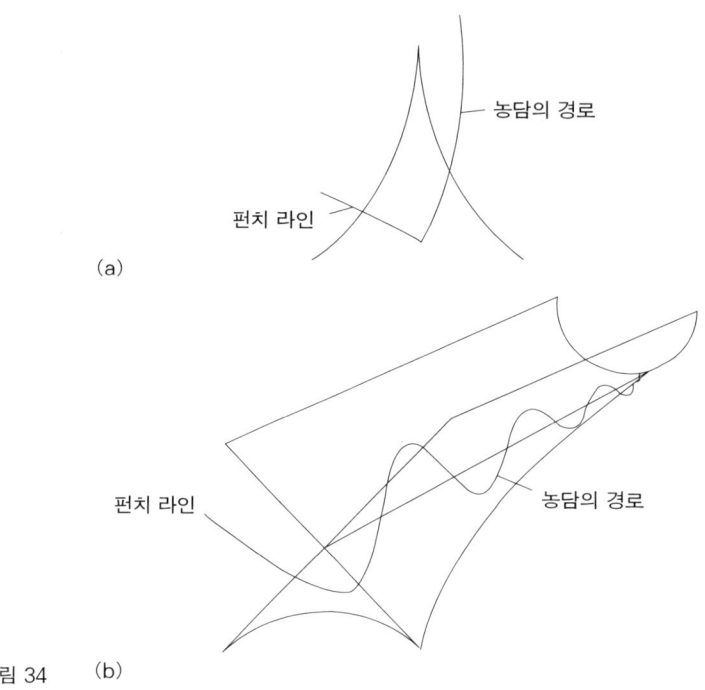

농담의 경로

펀치 라인

(a)

펀치 라인

농담의 경로

그림 34   (b)

으로 들어가서, 펀치라인의 왼쪽을 자르고 있다. 제비꼬리 카타스트로프
의 경우에(그림 34) 이 농담 경로는 원점에서 시작하여 그림에서 보는 바
와 같이(모호한 구역과 '넌센스' 구역을 왔다갔다하면서) 몇 차례 상승 하강
을 하고, 그런 다음 펀치 라인의 왼쪽 부분을 자른다. 이는 메타 암시에

기인하는 긴장에서의 작은 혼동과 이어지는 펀치라인에서 발생하는 더 큰 표출에 대응하는 것이다.

톰의 정리는, 언급한 모든 조건을 만족하고 네 가지 변수 이하에 의해 결정되는 수량에서 모든 가능한 비연속성을 분류하고 있음에 주목해야만 한다. 카타스트로프의 종류는 폴드, 커스프, 제비꼬리 카타스트로프에 덧붙여서 네 가지, 즉 모두 일곱 가지가 있다는 것이 판명되었다. 네 가지 변수에 의해 결정되는 좀더 복잡한 농담은 하나 또는 여러 개가 결합된 복잡한 카타스트로프에 의해 모델화될 수 있다. 여러 우스운 이야기들의 구조를 나타내기 위하여, 지독하게 복잡한 자기 교차와 함께 복잡하게 얽혀 있는 경로를 상상한다는 것은 재미있는 일이다. 단 하나의 행동 차원으로 제한할 필요가 없으며, 단지 딱 하나만 가능한 행동 차원으로서 생리학적 자극을 택할 필요도 없다.

사실상 농담, 드라마, 그리고 적절한 메타 암시를 포함하는 기타의 경우에 두 가지 행동 차원을 생각하는 것이 좀더 자연스러울지도 모른다. 하나는 z_1인데, 이전과 같이 모호한 이야기에 대한 인지자의 해석이나 생리학적 자극의 측정을 고려하는 것이고, 다른 하나는 z_2인데 구현(w구현자의 의도와는 반대되는 '사실성')의 사실성에 대한 인지자의 판단에 대한 측정이다. 또다시 나 자신이 점점 은유적으로 되어 가는데, 그러나 무엇에 대한 것일까? 좁은 의미에서 우리가 이해하는 것의 대부분은 과학적이라기 보다는 은유적이다. 그러나 명백한 것은 은유를 뛰어넘어 무언가를 성취하려 한다면, 더 많은 작업이 이루어져야 한다는 사실이다.

코미디에 대하여 몇몇을 글자 그대로 분석하는 시도는 앞서 커스프 카타스트로프의 관점에서 농담을 분석한 사실을 막연하게 떠올리게 한다. 예를 들어 비평가 놀드롭 프라이Northrop Frye는 다음과 같이 기록하였다. 고전적인 희극에서 "정상적으로 젊은 남자가 젊은 여자를 원하고, 그의 욕망이 몇 가지 대립 요인, 보통 부모들에 의해서 저지를 받고, 연극의 끝 부분에 가까이 가면 구성상의 반전이 일어나 영웅적인 주인공은 자신의 의지를 행하게 된다⋯⋯ 연극의 마지막 부분에는 남녀 주인공을 함께 모이게 하는 구성상의 장치가 주인공을 중심으로 결집되는 새로운 사회가 형성되고, 이 결집이 일어나는 시기는 연기를 인지하는 시점이고,⋯⋯ 즉 주인공의 욕망에 대한 장애가 코미디 연기를 형성하고 이를 극복하는 것이 코믹한 해결이다."

코믹한 발견이나 해결은 소위 연극의 펀치 라인과 일치한다. 개략적으로 우리는 코미디의 구조를 매우 커다란 커스프 카타스트로프(실제로는 제비꼬리 카타스트로프)로 특징지을 수 있는데, 이는 프라이가 서술한 구조에 일치하며 그 안에 더 작은 카타스트로프들, 즉 코미디의 농담과 웃음을 주는 대사의 집합체를 포함한다.(따라서 우리는 한 편의 코미디를 카타스트로프로 지칭할 수 있는 두 번째 의미를 제공한다.) 명백하게도 이러한 분석은 매우 단순하나 매우 암시적이다. 희극은 현대적인 코미디라 하더라도, 일종의 장애–투쟁–행복–해결의 패턴을 가지고 있는 것 같다. 그 패턴이 없다면 그것이 아무리 우습다 하더라도 그것을 코미디라고 부르기에는 약간 주저하게 된다. 그 농담들은 단순한 열거가 아닌 일관성 있는 하나의 희극적 구조로 통합되어야만 한다.

마지막으로 카타스트로프 이론에 대한 이 장이 이 책의 구조를 일종의 (자기 모순적인) 커스프 카타스트로프로 만드는 데 클라이막스에 위치하고 있음을 주목하라. 카타스트로프 이론에 대한 이 장은 책이라는 좀더 큰 커스프 카타스트로프의 펀치 라인이다.

06 « 잡동사니 그리고 종결

마지막 장에서 나는 유머(특히 유머의 논리)를 더욱 넓은 관점에 놓고 지금 까지 이에 대하여 언급한 것을 간략하게 좀더 확장하고 세분화하려 한다.

이를 위해 인식과 지적 과정을 다루는 심리학의 한 분야인 인지 심리 학을 살펴보자. 이는 비교적 최근에 자연철학의 한 분야로 분리되었는데, 전통적으로 '철학적 문제'로 알려졌던 문제(인지, 기억, 개념 형성, 문제 해 결, 의식과 같은 것)들을 주요 관심 주제로 한다. 오늘날에도 철학자들은 여전히 인지 심리학과 관련된 많은 개념적인 분석에 매달리는 실정이다.

그러나 최근에 철학자들과 그 밖의 다른 분야 사람들에 의해 인지심 리학 발전에 중요한 진보가 이루어졌는데, 이들은 모든 정신적 현상을 어 떤 형태의 자극-반응의 연속으로 축소했던 행동주의자들의 습성을 일축 하였다. 예를 들어 이미 4장에서 간단하게 언급했던 노암 촘스키는 준-

선천적인 정신적인 '메카니즘'에 대한 가설을 단정하여, 매우 빈약하게 축적된 자료를 기초로 모든 인간이 언어를 배우게 되는 사실과 각각의 언어로 이루어진 한 명제의 심층구조를 수용할 수 있는 표면구조로 바꾸는 변형생성이 인간 언어들 사이에 유사하다는 점을 설명하고 있다. 우리는 왜 인간이 이전에는 한 번도 말한 적이 없던 문장을 공식화(이해)할 수 있는지를 설명하기 위해서 이와 같은 변형생성 규칙의 내재화를 가정해야만 한다.(그러나 이들 규칙이 언제, 어떻게 사용되는지는 규칙에 따르지 않는다.)

앞에서 언급했던 스위스의 철학자 장 피아제는 조금 다른 방법으로 어린이들의 인지 발달을 연구했다. 그는 특히 대응, 종속, 연속, 분류, 보존, 그리고 대칭 인식과 같은 기본적인 기술이 어떻게 성숙하는지에 대한 연구를 하였다. 이 기술들은 어린이의 발달에 있어 서로 다른 단계에서 성숙되므로 어린이의 발달 측정을 위해서도 사용될 수 있다. 어린이의 기하학적 개념의 발달은 피아제가 발견한 것 중의 한 예이다. 처음에는 위상 기하학의 성질(순서의 사이, 연결성)을 익히고 그 다음 사영기하학의 성질(삼각형, 원과 타원의 동일성)을 배우며, 마지막으로 측정의 성질(길이, 각)을 이해하게 된다. 이러한 순서는 논리적으로 타당하지만 기하학의 역사적 발전과는 반대이다. 어쩌면 초등학교에서 위상기하학을 가르쳐야만 할 것 같다. 촘스키와 피아제의 이론이 나온 후 중요한 연구들이 행해졌는데, 개념 형성, 장·단기 기억, 정보의 내적 구조화, 문제 해결 기법 등에 관한 것들이다.

인지심리학의 발전 사례들을 소개하고 앞에서 언급한 철학적 문제들에 관하여 설명한 것은 이 책의 주제에 대한 나름대로의 관점을 제공하기 위해서이다. 즉 유머에 관한 논리는 간접적으로 인간 언어와 행동의 철학적인 분석과 인지심리학이라는 좀더 넓은 주제에 근본적으로 도움을 주는 것 같기 때문이다. 유머는 매우 복잡한 인간적인 현상이기 때문에 유머에 이해는 일반적으로 사고에 대한 이해를 풍부하게 할 것이다. 더욱이 종종 웃음에는 농담과 유머를 동반하기 때문에 분명히 사고에 대한 행동적인 표명이 들어 있다.

2, 3, 4장에서 논의했던 논리적이고 언어적인 장치들은 어떤 현상에 대하여 두 가지 해석을 하기 위해 사용하였는데, 어쨌든 인지심리학에서는 이 두 장치가 더 일반적으로 유용하며 어쩌면 인공지능에 관한 연구에까지 유용한 것 같다. 예를 들어 모델이론에서 추출된 어떤 생각은 자연언어(일부분)의 의미론을 이해하는 데 효과적이다. 비슷하게 명제의 수준과 뒤얽힌 계층에 대한 개념은 유머뿐만 아니라 좀더 일반적인 의미로도 유용하다는 사실이 밝혀지고 있다. 예를 들어 변형생성문법에서 소위 복

합 문장nested clauses의 의미론과의 관계는 매우 흥미 있는 소재이다.

자기모순이라는 개념을 좀더 일반적으로 응용한 사례들은 다양하다. 앞에서 언급한 바와 같이, 배트슨, 랭을 비롯한 여러 사람들이 크레타 사람이나 거짓말쟁이 패러독스의 변형에 대한 정신분열 생성 효과를 연구하였다. 어떤 명제(또는 좀더 일반적으로 명제들의 집합)가 형성되는 방식이 그 내용과 모순된다면 패러독스가 발생하는데, 그 패러독스는 그것이 사람에게 매우 중요한 영향을 끼친다면 매우 해로운 연속적인 행동을 갖게될 것이다. 유머의 틀을 형성하는 것 이는 일반적으로 예술의 틀을 정하는 것과 같다. 그런데 메타 암시의 중요성은 앞에서 이미 말했지만, 행동주의나 자기 모순적인 예술적 업적을 위해 둘 다 행해져야 할 작업들이 아직도 많다.

카타스트로프 이론은 지멘에 의해서 두뇌의 작용 과정에 모델로 (적어도 그 개형만이라도) 이용되었으며 톰에 의해서 언어 과정의 모델에 이용되었다. 나는 이 책에서 이 이론을 유머의 구조를 모델화하는 데 이용하였지만, 다른 지적인 과정에도 적용 가능하다. 발산의 성질은 똑같은 두려움·분노 좌표에 대하여 조금 다른 두 경로가 어째서 매우 다른 행동을 만들어내는지 설명하기 위하여 5장에서 공격성의 예를 들어 설명하였다. 그것은 또한 다음과 같은 잘 알려진 사실을 설명하는 데에도 이용할 수가 있다. 즉, 연속된 단어 {마천루^{skyscraper}, 대성당^{cathedral}, 사원^{temple}, 기도자^{prayer}} 중에서 속하지 않는 단어를 고르라고 물어본다면 사람들은 보통 기도자를 선택하는데, 반면에 다음 순서 {기도자^{prayer}, 사원^{temple}, 대성당^{cathedral}, 마천루^{skyscraper}}로 묻는다면 대개는 마천루를 고른다는 사실이다. 인지의 문제에 있어 카타스트로프 이론이 적용되는 기회가 많다는 것은 의심의 여지가 없다.

물론 아직도 깊이 생각해야 하는 많은 문제들가 남아 있다. 농담 구조에 유형이론이 존재하는가? 있다면 이러한 농담구조들과 다른 언어학적 구조들은 어떤 관련이 있는가? 의식과 자기모순적인 패러독스 사이에는 어떤 관계가 있는가? 카타스트로프 이론의 모델이 사고에 대한 컴퓨터 이론과 통합될 수 있는가? 당신의 유머감각이 이 책에서 계속 유지될 수 있는가?

이러한 질문들과 인지심리학을 떠나서, 나는 부조화 개념의 상대성을 논의하고 싶다. 내가 내린 유머에 대한 공식은 적당한 감정의 분위기에서 어느 한 시점에 갑자기 깨달은 부조화이다.(부조화는 1장에서 말한 바와 같이 다음과 같이 넓은 의미에서 대립되는 것들로 구성된다. 기대 대 놀람, 기계적인 것 대 정신적인 것, 우월성 대 무능력, 균형 대 과장, 교양 대 천박) 이런 공식화의 문제가 어떤 사람, 어떤 물건, 어떤 상황이라도 적합성의 어떤 기준에 관해서 또는 **어떤** 면에서 부조화가 될 수 있다는 것이다. 하다못해 탁자 위에 놓여 있는 녹색의 공까지 주어진 어떤 맥락에서는 부조화스럽게 생각될 수 있다. 아마도 2010년 1월 1일에 그 공은 어떤 외국 방문객에게 grue에서 bleen으로 색이 바뀌어 있을지도 모른다.

그러므로 내가 이미 지금까지 사용한 '조화스러운', '적절한', '관련 있는' 것과 같은 개념들은 항상 문화적 환경, 언어, 그리고 특정 맥락과 관련되어 있다. 농담의 '접점point'에 대한 개념도 마찬가지이다. 다른 문화, 하위 문화, 개인들은 다른 행동, 상황, 부속물들의 결합을 부조화한 것으로 생각하게 된다. 이러한 하찮은 관찰에서 똑같이 하찮고 그럼에도 불구하고 유머러스한 것의 대부분이 변화한다는 재미있는 사실이 이어진다. 적어도 어느 정도 문화에서 문화로, 문맥에서 문맥으로. 다양한 종류의 농담 '안에서', 농담은 언어의 특성들에 의존하는데 주제가 있고 정치적인 유머는 명백한 하나의 예이다. (나는 여기서 유머가 지닌 내용의 상대성을 이야기하고 있다. 그 구조가 아니라 총체적으로 포괄하고 있다.)

때때로 하위 문화들의 충돌에서도 유머가 만들어진다. 하위 문화의 준거 틀은 '우위를 차지하는' (하위) 문화의 준거 틀의 관점에서 볼 때 정상에서 벗어나 왜곡되어 있다. 그 문화가 너무 다른 것이 아니라면, 이러한 왜곡 현상은 소수 집단의 구성원들이 우위를 차지하는 문화를 바라볼 때, 사회적 부조화가 좀더 명백하게 드러날 수 있는 (약간 편견을 가진) 시각에서 볼 수 있게 만든다.(양반사회를 풍자하는 서민들의 마당놀이나 탈춤을 보자.—옮긴이) 예를 들어 미국의 코미디언 중에 유태인이나 흑인은 별로 없고, 영국의 코미디언 중에 아일랜드 출신이 별로 없는 것이 이를 말해준다. 코미디언이 되기 위해서는, 정말 그럴 의지가 있다면 자신이 속한 문화로부터 충분히 멀리 떨어져 메타 수준에서 자신이 속한 문화를 볼 수 있을 정도로 사회적 환경에 민감해야만 한다. 부분적으로나마 이렇게 사회로부터 떨어질 수 있을 때, 이 책에서 고려하고 있는 형식적인 장치를 사용하기 위한 필수조건인, 더욱 추상적인 시각으로 사물을 대할 수가 있다. 그러나 너무 멀리 떨어져 있게 되면, 감정이입과 모순이 되며, 적당한 '감정적인 분위기'에 민감하지 못하게 된다. 그들은 (코미디언들) 자신들이 속한 사회의 가치를 이해하고 감정이입도 하면서 동시에 또한 어떤 때는 그 정도를 넘을 수도 있기 때문에, 코미디언들은 종종 매우 따뜻한 마음의 소유자로 인식되면서 또한 냉담하거나 냉소적인 사람으로 인식되기도 한다. 어쩌면 둘 다 맞는 이야기일지도 모른다. 대부분의 사람들보다 더 인간적이다.〔그러나 꼭 인도적(인정 있다)이라는 것은 아니다.〕

물론 어떤 부조화는 문화와 깊이 관련되어 있지 않다. 한편, 범우주적인 종류의 부조화도 존재하는 것 같다. 내가 의미하는 것은, 이 세계를 질

서화하는 몇몇 방법들이 너무 기초적이어서—논리와 수론의 기본적인 규칙이나 보존, 그리고 배열에 관한 피아제의 기초적인 인지 기능—이들과 어긋나는 것은 어떤 문화에서도 부조화스러운 일이다. 이 책에서 고찰되고 있는 농담의 많은 부분이 이에 근거한다.

아내: 이 고기를 네 조각으로 나눌까요 여덟 조각으로 나눌까요?
남편: 네 조각이요. 살을 빼야 하거든.

노인이 다른 노인에게: 나는 혼자 산책하는 것을 좋아한답니다.
상대 노인: 나도 그렇소. 자, 함께 갑시다.

내가 마지막으로 논의하고 싶은 것은 과학 발전과 관련된 믿기 어려운 주제에 관한 것이다. 과학 혁명의 구조에서 토마스 쿤은 서로 다른 과학 이론(프톨레마이오스의 천동설과 코페르니쿠스의 지동설, 뉴턴의 중력이론과 아인슈타인의 상대성이론)의 발달 방식이 점진적이거나 누적되는 방식이 아니었다는 주장을 펼친다. 좀더 정확히 말하면, 어떤 과학적인 이론은 (물리학뿐만 아닌 어떤 분야에서든지) 새로운 결과가 점진적으로 누적되면서 오래된 것은 약간씩 수정되어 발전한다. 그러나 점차, 이론들이 서

서히 들어맞지 않게 되고 (프톨레마이오스나 뉴턴의 이론), 관찰된 것들이 변칙적이고 부조화스럽게 되어가고, 많은 설명들이 점점 신뢰할 수 없게 되며 임시 변통이 되어간다. 한동안 시간이 흐르고 나면, 먼저 있던 것들과 부합될 수 없는 새로운 이론(코페르니쿠스와 아인슈타인의 이론)이 갑자기 나타난다. 새로운 아이디어가 떠오르고 옛날 용어들은 새로운 의미로 급진적으로 대체된다. 전에는 눈에 띄지 않던 관계들이 중요하게 떠오르는 것이다. 이런 새로운 이론(패러다임)의 급격한 발전을 쿤은 "과학적 혁명"이라 불렀다.

　그럴듯한 사실적인 추정과 톰의 이론을 감안할 때, 우리는 과학적 혁명의 구조가 농담 구조와 비슷하다는 결론을 내릴 수 있음에 주목하여도 나쁘지 않을 것 같다.(과학적인가? 우스운 것인가?) 그것은 곧 제비꼬리 카타스트로프인데, 대체되는 이론을 지지하는 관찰되는 사례들의 정도를 x, y로 하고 '의미 있는 자연 그대로의 관찰'의 측정값을 w라 할 때, 주어진 x, y, w를 허용하는 가장 그럴 듯한 해석이 되는 $z=f(x, y, w)$가 그러하다. 과학적 혁명의 경로는 제비꼬리 카타스트로프에서의 농담의 경로와 비슷하다. '과학적 혁명'을 이끄는 비정상적이고 (부조화스러운) 관찰들은 앞장에서 서술된 농담의 펀치라인과 일치한다.

　창조적 과정의 논리는 예술, 과학, 유머와 모두 같으며, 단지 '감정적인 분위기'만 다를 뿐이라고 《창작의 기술The Act of Creation》에서 아서 쾨슬러가 주장했다는 1장의 기록을 다시 떠올려보자. 과학적인 혁명과 농담에 관한 이 마지막 관찰은 쾨슬러의 모호하지만 풍부하고 암시적인 논문의 진수를 좀더 세련되게 그리고 심층적으로 만들기 위한 증거이다. 1장에서 언급한 바대로 사실 현재의 많은 책들은 수학의 경우에 있어서 예술, 유머 특히 인지적 유머와 관련된 논문들을 발전시킨 것들이다.

마지막으로, 무수히 많은 사소한 농담들을 담고 있는 거대한 자기모순적 농담의 세계관보다 더 나은 세계관이 있지만 그러한 세계관과 같은 그 어떤 것이 이 책의 근저에 있다. 이 세상의 수많은 농담 중에 또 하나를 덧붙일 수 있다는 것이 이 책을 쓰는 동안에 누릴 수 있었던 나의 기쁨이라는 사실이다.

참고문헌

Allen, Woody. 1972. *Getting even.* New York: Warner Books.

Barker, Stephen. 1964. *Philosophy of mathematics.* Englewood Cliffs, N.J.: Prentice-Hall.

Barrick, M.E. 1974. The newspaper riddle joke. Journal of *American Folklore* 87:253–57.

Bateson, Gregory. 1958. The message "this is play." In *Group processes: Transactions of the second conference,* ed. B. Schaffner. New York: Josiah Macy, Jr., Foundation.

Baudelaire, Charles Pierre. 1962. *Curiosités esthetiques.* Paris: Garnier.

Beattie, James. 1776. An essay on laughter, and ludicrous composition. In *Essays.* Edinburgh: William Creech.

Bellman, Richard. 1969. Humor and paradox. Technical report, National Institutes of Health.

Bergson, Henri. 1911. *Laughter: An essay on the meaning of the comic.* New York: Macmillan.

Carroll, Lewis. 1946. *Alice's Adventures in Wonderland and Through the Looking Glass.* New York: Grosset and Dunlap.

Chapman, A.J., and Foot, H.C., eds. 1976. *Humor and laughter: Theory, research, and applications*. London: Wiley.

————, eds. 1978. *It's a funny thing, humor*. Oxford: Pergamon.

Chomsky, Noam. 1968. *Language and mind*. New York: Harcourt, Brace, and World.

Dupréel, P.1928. The sociology of laughter. *Revue Philosophique* 106:213–60.

Eastman, Max. 1936. *Enjoyment of laughter*. New York: Simon and Schuster.

Fodor, Jerry. 1975. The *language of thought*. New York: Crowell.

Freud, Sigmund. [1905] 1960. *Jokes and their relation to the unconscious*. New York: Norton.

Fry, W.F., Jr. 1963. *Sweet madness: A study of humor*. Palo Alto, Calif.: Pacific Press.

Frye, Northrop. 1958. The structure of comedy. In *Eight great comedies*, ed. S. Barnett. New York: New American Library.

Goldstein, J.H., and McGhee, P., eds. 1972. *The psychology of humor*. New York: Academic Press.

Goodman, Nelson. 1965. *Fact, fiction, and forecast*. New York: Bobbs-Merrill.

Halmos, Paul. 1960. *Naive set theory*. New York: Van Nostrand.

Hazlitt, William. 1819. On wit and humor. In *Lectures on the English comic writers*. London: Taylor and Hessey.

Hempel, Carl. 1965. *Aspects of scientific explanation*. New York: Free Press.

Hobbes, Thomas [1651] 1914. *Leviathan*. London: Dent.

Kant, Immanuel. 1892. *Kant's kritik of judgment*. Translated by J.H. Bernard. London: Macmillan.

Katz, Jerrold J. 1971. *The underlying reality of language*. New York: Harper Torchbooks.

Kliban, B. 1976, *Never eat anything bigger than your head*. New York: Workman.

Kneebone, G.T. 1963. *Mathematical logic and the foundations of mathematics*. London: Van Nostrand.

Koestler, Arthur. 1964. *The act of creation*. London: Hutchinson.

Kripke, Saul. 1975. Outline of a theory of truth. *Journal of Philosophy*, December, pp. 690-716.

Kuhn, Thomas. 1970. *The structure of scientific revolutions*. 2d ed. Chicago: University of Chicago Press.

La Fave, Lawrence. 1972. Humor judgments as a function of reference group and identification classes. In *The psychology of humor*, ed. J.H. Goldstein and P. McGhee. New York: Academic Press.

―――. 1978. Ethnic humor: From paradoxes towards principles. In *Humor and laughter: Theory, research, and applications*, ed. A.J. Chapman and M.C. Foot, London: Wiley.

Laing, R. D. 1970. Knots. New York: Vintage Books.

Lyndon, Roger C. 1966. *Notes on logic*. New York: Van Nostrand.

Malcolm, N. 1958. *Ludwig Wittgenstein: A memoir*. London: Oxford University Press.

McGhee, P. 1978. A model of the origins and early development of incongruity-based humor. In *Humor and laughter: Theory, research, and applications*, ed. A.J. Chapman and M.C. Foot. London: Wiley.

Meredith, George. 1918. *An essay on comedy*. New York: Charles Scribner's Sons.

Milner, G.B. 1972. Homo ridens: Towards a semiotic theory of humor and laughter. Semiotica 1:1–30.

Moise, E.E. 1963. *Elementary geometry from an advanced standpoint*. Reading, Mass.: Addison-Wesley.

Monro, D.H. 1951. *Argument of laughter*. Melbourne: Melbourne University Press.

Montague, Richard. 1974. *Formal philosophy*, edited by Richmond H. Thomason. New Haven: Yale University Press.

Paulos, John A. 1978a. Applications of catastrophe theory to semantics. *Notices of the American Mathematical Society* 25(January):A-173.

————. 1978b. The logic of humor and the humor in logic. In *Humor and laughter: Theory, research, and applications*, ed.

A.J. Chapman and M.C. Foot. London: Wiley.

————. 1979. A model-theoretic account of confirmation. *Notre Dame Journal of Formal Logic*. 20:451-58.

Piaget, Jean. 1952. *The origins of intelligence in children*. New York: International Universities Press.

Piddington, Ralph. 1933. *The psychology of laughter: A study of social adaptation*. London: Figurehead: reissued, New York: Gamut Press,

1963.

Pitcher, George. 1966. Wittgenstein, nonsense, and Lewis Carroll. *Massachusetts Review*, August, pp. 591–611.

Quine, W. V. O. 1968. Paradox. *Scientific American*, April, pp. 84-95.

Rogers, H. 1967. *Theory of recursive functions*. New York: Mc-Graw-Hill.

Rosten, Leo. 1968. *The joys of Yiddish*. New York: MacGraw-Hill.

Russell, B., and Whitehead, A.N. 1910. *Principia mathematica*. Cambridge.

Saussure, F. 1931. *Cours de linguistic générale*. Paris: Payot.

Schopenhauer, Arthur. 1883. *The world as will and idea*. London: Trubner.

Shoenfield, J.R. 1967. *Mathematical logic*. Reading, Mass.: Addison-Wesley.

Shultz, T.R. 1976. A cognitive-developmental analysis of humor. In *Humor and laughter: Theory, research, and applications*, ed. A.J. Chapman and M.C. Foot. London: Wiley.

Suls, J. 1972. A two-stage model for the appreciation of jokes and cartoons. In *The psychology of humor*, ed. J.H. Goldstein and P. McGhee. New York: Academic Press.

Tarski, Alfred. 1936. Der Wahrheitsbegriff in formalisierten Sprachen. *Studia Philosophica* 1:261–405.

Thom, René. 1975. Structural stability and morphogenesis. Reading, Mass.: W.A. Benjamin.

Turing, A.M. 1950. Computing machinery and intelligence. *Mind* 59:433-60.

Warnock, G.J. 1966. *English philosophy since 1900*. New York: Oxford University Press.

Wittgenstein, Ludwig. 1953. *The philosophical investigations*. Oxford:

Blackwell.

———. 1958. *Remarks on the foundations of mathematics.* New York: Macmillan.

Zeeman, E.C. 1972. Catastrophe theory in brain modelling. *Conference on neural networks.* Trieste: ICTP.

———. 1976. Catastrophe theory. *Scientific American,* April, pp. 65–83